U0134375

从 ChatGPT 到 AIGC

智能创作与应用赋能

李　寅　肖利华◎著

电子工业出版社

Publishing House of Electronics Industry

北京 · BEIJING

内 容 简 介

自 2023 年以来，AI 聊天机器人 ChatGPT 火爆互联网，其颠覆性的使用体验重塑了人们对于 AI 的认知。而 ChatGPT 背后的技术——AIGC 也引起了互联网圈的关注，打开了人们对 AI 应用的想象空间。本书从 ChatGPT 入手，以 AIGC 为中心，对 AIGC 的理论知识、应用场景、未来发展等内容进行了全面的梳理。

首先，本书对 AIGC 的概念、技术构成、产业生态、市场现状等进行了讲解，以便读者对 AIGC 形成一个清晰、完整的认知。其次，本书讲解了 AIGC 在传媒、电商、影视、娱乐、教育、工业等领域的应用，展现了 AIGC 的应用价值和对各领域的赋能。最后，本书解析了 AIGC 领域的创投机会和未来图景，便于读者把握 AIGC 的发展趋势。

本书在系统地讲述 AIGC 理论及应用的同时，引入了大量实践案例，介绍了诸多国内外知名企业在 AIGC 领域的布局，也介绍了一些 AI 文字生成、AI 图片生成、AI 视频生成、AI 音频生成等方面的 AIGC 应用，内容十分丰富。

未经许可，不得以任何方式复制或抄袭本书之部分或全部内容。

版权所有，侵权必究。

图书在版编目（CIP）数据

从 ChatGPT 到 AIGC：智能创作与应用赋能 / 李寅，肖利华著. —北京：电子工业出版社，2023.5

ISBN 978-7-121-45442-4

Ⅰ. ①从… Ⅱ. ①李… ②肖… Ⅲ. ①人工智能—普及读物 Ⅳ. ①TP18-49

中国国家版本馆 CIP 数据核字（2023）第 068257 号

责任编辑：刘志红（lzhmails@163.com）　　特约编辑：张思博
印　　刷：三河市鑫金马印装有限公司
装　　订：三河市鑫金马印装有限公司
出版发行：电子工业出版社
　　　　　北京市海淀区万寿路 173 信箱　邮编　100036
开　　本：720×1 000　1/16　印张：14.25　字数：228 千字
版　　次：2023 年 5 月第 1 版
印　　次：2023 年 5 月第 1 次印刷
定　　价：86.00 元

凡所购买电子工业出版社图书有缺损问题，请向购买书店调换。若书店售缺，请与本社发行部联系，联系及邮购电话：（010）88254888，88258888。

质量投诉请发邮件至 zlts@phei.com.cn，盗版侵权举报请发邮件至 dbqq@phei.com.cn。

本书咨询联系方式：18614084788，lzhmails@163.com。

推 荐 语

在企业发展的过程中，只有顺应时代发展趋势，把握住时代风口，才能够实现"弯道超车"。在 AIGC 火热发展的大势下，企业有必要了解 AIGC 的技术、应用和潜在机遇，以探索新赛道，实现快速发展。在这方面，本书能够以丰富的内容为企业提供实践指导。

清华大学经济管理学院教授、副院长 李纪珍

AIGC 作为智能生成内容的新型生产方式，将大大提升内容生产效率、降低内容生产成本，成为新的生产力工具。同时，AIGC 将产生巨大的经济价值，推动数字经济的增长。未来，AIGC 将在传媒、电商等数字化程度高的领域取得突破性发展。在这个过程中，在 AI 算法、内容数据等方面具备优势的企业，将成为 AIGC 领域的"头号玩家"。

清华大学长聘教授、国家 CIMS 工程技术研究中心副主任 范玉顺

为什么 ChatGPT 和 AIGC 在当下大受欢迎？不仅在于其提供了全新的体验，更在于其能够创造出新的商业模式，为企业发展指引方向。未来，AIGC 将深刻变革传媒、电商等诸多领域，谁先获得 AIGC 领域的"入场券"，谁才能实现更好的发展。

北大汇丰商学院教授、"中国商业模式理论"创始人 魏炜

随着 ChatGPT 带来的算法突破，AIGC 领域迎来大爆发。新技术、新市场需求、新探索性产品的出现，激活了 AIGC 这个潜力无限的新市场。在技术发展的浪潮下，以 AIGC 为核心的新一轮 AI 竞赛也拉开了帷幕。当前，ChatGPT 的火热只是 AI 发展的冰山一角，未来，功能更加丰富、更加智能的 AIGC 应用将不断涌现，一个全新的 AIGC 时代即将到来。

中国科学院大学中国企业研究中心主任、

中国科学院大学教育基金会副理事长 赵红

2023 年，ChatGPT 热度飙升，使 AIGC 行业迅速崛起。微软、百度等国内外互联网大厂也纷纷步入这一赛道，抢滩未来机遇。在这一趋势下，各企业更要抓住时代机遇，积极拥抱 AIGC 新时代。

上海交通大学产业发展与技术研究创新研究院副院长、教授、

博士生导师 史占中

AIGC 领域因蕴含巨大的商机而成为企业抢跑未来的新赛道。本书从 ChatGPT 这一新热点、新范式入手，多角度拆解 AIGC 领域的潜在机遇，并指出企业迈入这一赛道的入局点。只有切入适合自己的细分赛道，企业才能够抓住时代红利，走向更辉煌的未来。

东南大学首席教授、经济管理学院院长 赵林度

AIGC 的发展带来了丰富的创业和投资机会，无论是创业者、企业家还是投资者都可以参与其中。我们有必要对 AIGC 背后的创投机会进行梳理，从而得到 AIGC 大爆发的时代红利。

长江商学院教授、长江教育发展基金会理事长 周春生

随着人工智能技术的发展，人工智能应用逐渐从碎片化走向多元化，赋能于各行各业，服务于数字经济的发展。当前，ChatGPT 的出现成为人工智能领域的热点，丰富了 AIGC 应用。本书用易懂的文字叙述了 AIGC 技术、产业生态、市场现状、六大场景应用、创投机遇及未来图景，有利于人工智能技术及应用的普及推广。

江苏省互联网协会副理事长兼秘书长　刘湘生

当前，ChatGPT 刷屏社交媒体，正在掀起新一轮 AI 革命，其背后的 AIGC 领域也展现出了巨大机遇，为企业发展提供了新赛道。本书聚焦 ChatGPT 和 AIGC，详细拆解了 AIGC 的相关理论和应用案例，指出了其为各行业带来的变革及不同行业中存在的新机遇，为企业抓住 AIGC 这一新机遇指明了方向。

浩鲸科技执行董事兼首席运营官　杨名

在互联网市场竞争激烈的当下，更富想象力的 AIGC 为企业的发展提供了新的选择。而在 AIGC 这个潜力无限的领域中，率先入局者将获得更多红利。企业需要抓住机遇，积极布局，实现快速发展。

阿里巴巴钉钉副总裁、阿里巴巴钉钉政府事务总经理　马力骏

2023 年，ChatGPT 火爆互联网，与之一起成为科技圈和投资圈备受关注的焦点的还有 AIGC 领域。AIGC 领域蕴含丰富的创业和投资机会，是值得企业探索的新蓝海。本书以 ChatGPT 这一热点为切入点，详细介绍了 AIGC 的当下发展现状及对各领域的赋能，旨在让读者对 ChatGPT 和 AIGC 有一个详细的了解，在 AIGC 领域中找到适合自己的发展机遇。

国家级软件基地江苏软件园总经理　葛志超

2022 年 11 月，美国 OpenAI 公司发布了其研发的聊天机器人程序 ChatGPT。以 AI 为驱动的 ChatGPT 一经推出便受到众多用户的欢迎，市场影响力也在不断提升，2023 年 1 月，其月活跃用户已经达到 1 亿人，是历史上用户数量增长最快的消费者应用。马斯克直言 ChatGPT 厉害得可怕，人类离强大又危险的 AI 不远了；比尔·盖茨认为 ChatGPT 的诞生具有伟大的历史意义，能与互联网或个人计算机的诞生相媲美。

马斯克、比尔·盖茨等对 ChatGPT 的赞美，显示出了他们对于 AI 技术的看好。ChatGPT 技术引发了 AI 发展浪潮，国内外科技巨头纷纷加大对 AI 行业的投资力度。

国外科技巨头中，微软于 2023 年年初加大了在 AI 行业的投入，对 ChatGPT 的创建者 OpenAI 公司进行第三轮投资，计划利用 ChatGPT 提高产品竞争力。谷歌投资 3 亿美元在 ChatGPT 公司的竞品——Anthropic 公司上，助力生成式 AI 的发展；等等。

国内科技巨头中，阿里巴巴一方面全力投入生成式 AI 大模型建设，旗下达摩院的多模态大模型 M6 参数已从万亿跃迁至 10 万亿，成为全球最大的 AI 预训练模型；另一方面致力于为市场上的模型与应用提供算力支撑。百度于 2023 年 1 月 10 日宣称将提升百度搜索的生成式搜索能力，对用户的疑问进行智能解答；同时加强对 ChatGPT 产品的研究，发布中国版 ChatGPT——文心一言。

很多用户认为 ChatGPT 是一夜爆火，其实它是经过多年沉淀后，有备而来的。从 2018 年到 2022 年，ChatGPT 经历了海量数据学习训练，拥有 GPT-1、GPT-2、

GPT-3 最后到 InstructGPT 模型的积累，以更大的语料库、更高的准确性、更高的计算能力、更高的适应性、更加通用的预训练、更强的自我学习能力革新了 AIGC 技术。

以上种种表明，以 ChatGPT 为首的 AIGC 技术的发展会推动第三次技术革命的到来，我们认为未来世界将会依靠数据、算力和算法驱动，未来 10 年各行各业都会以数智化的方式进行重构。"工欲善其事，必先利其器。"我们需要用先进的工具，率先完成数智化转型，享受时代的红利。

但是数智化转型不是简单的 IT 系统建设，不是建到处都是红绿灯的拥堵路，而是建新型高效的数智高速公路，是以数智化技术驱动企业商业模式重构和核心竞争力重塑，持续提升消费者体验、商业运营效率和效益的过程。

"数"智化转型中的数是指全链路、全要素、全场景、全触点、全网全渠道、全生命周期持续的数字化、在线化。

"智"寓意包括：

AI（人工智能）——算法+，多用新方式、新方法，无行业不 AI，无场景不 AI，无数据不 AI，现在 ChatGPT 最大的突破是通用性，比较好地突破了行业限制和场景限制。以前更多的是大炼模型（垂直行业、垂直场景），现在将开启炼大模型（通用行业、通用场景）。

BI（商业智能）——经验和规则+，得心存敬畏，尊重规律，不仅有结果指标还有过程指标（流量、蓄水、点击等）。

DI（数据智能）——知识图谱、机器学习、深度学习+，迎接未来，用数据发现谁好谁不好，发现问题、发现机会，将好的放大，不好的则持续改善，不断拔高上限、拉高底限。

MI（心智智能）——心智占领，形成指名购买，让客户清晰地知道为什么选择你而不选择别人。

因此，我们认为数智化转型是指从战略转型、业务重构、组织升级、IT/DT 建设和数智化运营的全链路、全要素、全场景、全触点、全网全渠道、全生命周期的解构、重构和持续优化的过程。

基于这个大背景，我创立了浙江智行合一科技有限公司，旨在通过"咨询＋软件＋运营"的一体化服务策略，为大服饰、大快消、美家、3C消费电子、汽车、产业带/产业集群、乡村振兴等行业的企业提供"战略转型—业务重构—组织升级—IT/DT建设—数智化运营"的"一站式"数智化转型服务，助力客户持续提升增长动力、持续沉淀端到端全产业链数智资产，助力客户开源、节流、提效、创新，助力客户赚钱、省钱、值钱，持续构建新的业务增长曲线和动力。

数智化转型在不断迭代、快速发展、持续深化。随着技术与环境的变化，越来越多的企业开始尝试步入数智化转型道路，在这个过程中企业面临着诸如"直播成本高、主播门槛高、行业整体非常不健康""消费者需求变化快，企业无法精准捕捉用户需求""新品研发周期长、新品命中率低、产品同质化严重、价格战导致毛利率持续下滑""内容生产慢，无法形成好的创意"等多种难题，导致企业运营处处是断点、堵点、卡点。

得益于数智技术的突破，AIGC生成技术爆发后被迅速应用到各个场景，可以助力解决这些问题。

电商直播

AIGC跨模态技术突破了单一模态的限制，"图片—文字""图片—视频"已经不再构成阻碍。我们研发了直播宝，AI智能可以自动生成话术模版、自动语音讲解、智能抠图生成虚拟背景，全方位覆盖直播"人、货、场"三要素，降低开播门槛，提升直播质量。

内容生产

数智技术应用于内容生产领域则更为广泛。以服装为例，我们研发的新品宝，从面料、辅料到版型等各环节（图生图、文字转图片）都可以用AI智能生成，紧跟潮流趋势；而产品后期推广也能通过ChatGPT等捕捉关键词撰写出爆款文章、生成海报和视频进行宣传，利用数据不断优化内容，搭建内容资产平台。

用户体验

用户体验是企业的核心竞争力之一。在这个层面，我们研发的营销宝通过"算法革新+算力支持+数据共振"，使企业能够智能生成标签，自动匹配关键信息，清晰洞察消费者偏好，实现精准营销，避免无效信息轰炸，在提升企业转化率的同时也提升用户体验。

一不小心，我们在不经意中成了一家名副其实的 AIGC 科技公司，我们是 AIGC 的建设者和参与者，将应用 AIGC 开发更多实用的宝宝系列产品和解决方案，助力各行各业全链路数智化转型。

......

除上述领域，AIGC 技术还将为更多领域提供丰富的应用场景，包括但不限于娱乐、影视、传媒等行业，技术与场景的结合将成为企业的新兴生产力，带来更多生产价值。

如今正是科技爆发的寒武纪，随着核心技术的持续演进，AIGC 正在急速发展，一方面，其应用已经开始呈指数增长，另一方面，AIGC 产生了"溢出效应"，许多科技创新与科技成果都指向 AIGC。

产品类型多样化、场景应用多元化、关键能力显著突出、生态建设日益完善，这些都是 AIGC 发展的必然，可以说"AI 正在推动人类社会走向数智化时代"。

本书将会对 AIGC 加速渗透到各行各业的情况进行详解，并从理论、方法到案例说明在这种情况下企业将如何进行数智化转型，值得企业决策者和管理者阅读。

智行合一创始人、CEO 肖利华

2023 年 3 月

前 言

2023 年 3 月 14 日，人工智能研究公司 OpenAI 发布了新一代多模态大模型——GPT-4，引发行业关注。相比此前的 GPT 系列大模型，GPT-4 在视觉输入、创造力、推理理解能力等方面都有所提升。借助这一热点，OpenAI 此前推出的 AI 聊天机器人——ChatGPT，同样获得了更多关注。

自 2023 年以来，ChatGPT 频繁出现在互联网中，多个相关话题冲上热搜，引发众人热议。作为 OpenAI 发布的一款 AI 聊天机器人，ChatGPT 的突破性就在于它的智能性。它能够通过理解人类语言，完成与用户自然对话、互动，甚至能够完成制作文案、撰写邮件、编写代码等工作。

ChatGPT 上线后，受到了市场的广泛关注。其中，微软与 OpenAI 的关系迅速升温。微软宣布将向 OpenAI 追加巨额投资，并将 ChatGPT 引入微软旗下的搜索引擎 Bing（必应），为用户提供更加智能的搜索服务。

此外，很多企业并未直接寻求与 ChatGPT 的合作，而是将目光瞄向 ChatGPT 背后的技术——AIGC，尝试自研 AI 大模型，打造类似 ChatGPT 的应用。例如，谷歌正在测试一款名为 Apprentice Bard 的 AI 聊天机器人，这款机器人可以根据用户的提问给出详细解答；百度计划依托自研的"文心大模型"推出一款类似 ChatGPT 的应用——文心一言，并逐步向用户开放；阿里巴巴推出可以智能对话、智能文案创作的大语言模型"通义千问"。

ChatGPT 及这些类似 ChatGPT 的智能应用的爆发，提升了 AIGC 的热度。而伴随着科技巨头的入局、资本的流入、创业公司的兴起等，AIGC 市场进一步火热。本书瞄准 AIGC 这一热点，对其进行全面且详细的讲解。

在内容设计上，首先，本书以当下火热的智能应用 ChatGPT 为切入点，引出其背后的 AIGC 概念，并对其发展历程及特点、实现的关键技术、上中下游产业生态、巨头布局的市场现状等进行讲解，让读者全面了解 AIGC 当下的发展态势。

其次，本书对 AIGC 的落地应用进行了拆解，涉及传媒、电商、影视、娱乐、教育、工业等多个领域。本书详细讲解了 AIGC 是怎样赋能这些细分领域的，且给这些细分领域带来了哪些变化，以及这些细分领域中有哪些落地的应用等。

最后，本书分析了 AIGC 领域的创投机会和未来图景。AIGC 的发展离不开技术的推动，企业既可以从 AI 芯片、AI 大模型等技术角度切入 AIGC 赛道，也可以推出文字生成、绘画生成等多种类型的产品。此外，AIGC 领域蕴含着巨大的投资机会，无论是上游的技术提供商，还是下游的应用研发企业，都受到了资本的关注。

在未来，随着技术的迭代，AIGC 的参与主体将由 B 端向 C 端扩散，让更多人可以进入这一赛道。AIGC 的行业应用也将进一步渗透，为金属行业、机械行业等更多行业赋能。随着 AIGC 应用的爆发，其将逐渐覆盖人们生活的方方面面，为人们提供全方位的智能服务。

目　录

第 1 章

AIGC：引爆内容生产力

AIGC 指的是利用人工智能（AI）技术生成内容，这是近年来 AI 领域的一项重大科研成果。AIGC 在一定程度上代表了 AI 发展的新趋势，其不仅推动内容创作生产力大幅提升，而且赋能元宇宙，为元宇宙的发展提供核心驱动力。

1.1　ChatGPT：AI 新纪元已经开启

随着深度学习、自然语言处理等 AI 技术的深度发展，ChatGPT 横空出世，且在各大领域中得到应用和发展。ChatGPT 为众多大型企业打造了更加便捷、高效的服务方式，帮助企业进一步实现了降本增效。如今，人类已经进入 AI 发展的新纪元。

1.1.1　智能应用 ChatGPT 掀起 AIGC 热潮

2022 年 11 月 30 日，人工智能研究公司 OpenAI 推出了新一代聊天机器人——ChatGPT。智能应用 ChatGPT 是 AI 文本处理方式的新研究和新突破，掀起了 AIGC 热潮，刺激了众多大型企业加快布局智能化内容生成领域。

ChatGPT 基于 GPT-3.5 参数规模和底层数据，对原有的数据规模进行了进一步拓展，也对原有的数据模型进行了进一步强化和完善，实现了人类知识和计算机数据的突破性结合。ChatGPT 通过自然对话方式进行交互，可以自动生成文本内容，自动回答复杂性语言。自推出后，ChatGPT 用户迅速增长，成为当下火爆的消费级应用。

腾讯、亚马逊、字节跳动等大型企业竭力将 ChatGPT 融入自身的业务中，以加深 AI 对企业业务的渗透，助力企业降本增效。例如，字节跳动利用 ChatGPT 加快 "AI+" 内容的布局，实现了自动辅助写作、自动生成短视频等。

而阿里巴巴利用 AI 技术自动生成高质量的产品介绍文案，不仅提升了文案的生产效率，还极大地提升了文案质量。腾讯将 AI 技术融入广告制作中，实现了广告视频和文案的自动生成，极大地降低了广告的制作成本。

ChatGPT 助力众多大型企业加快 AIGC 应用布局，在文本内容设计和生成方面给企业提供了有力帮助，推动内容生成的降本增效。

2023 年 3 月 14 日，OpenAI 发布了新一代大型多模态模型——GPT-4。和 ChatGPT 所用的模型相比，GPT-4 优势更为显著。

GPT-4 的重大突破便是除了处理文本内容，还可以处理图像内容。用户可以同时输入文本内容和图像内容，GPT-4 将根据这些内容生成语言、代码等。在官方演示中，GPT-4 只用了 2 秒左右的时间就完成了网站图片的识别，生成了网页代码，并制作出了相应的网站。除了普通图像，GPT-4 还能够处理论文截图、漫画等内容复杂的图像，提炼其中的要点内容。

GPT-4 在语言方面的功能更加强大。在测试中，GPT-4 在多种语言方面的表现均优于此前的 GPT 系列大语言模型的语言性能。其中，GPT-4 的英文准确性为 85.5%，中文准确性为 80.1%，两者的语言准确性较之前都有很大提高。

与 ChatGPT 不同，GPT-4 目前仅向付费用户开放。同时，其也将作为 API（应用程序编程接口）提供给各大企业，使这些企业将该模型集成到自己的应用程序中。未来，伴随着 GPT-4 应用的普及，其将为企业发展提供更多助力。

1.1.2 应用场景：ChatGPT 的多场景应用

ChatGPT 应用场景广泛，社会效应显著。随着 AI 技术的快速发展，AIGC 将代替人工完成大量的文本设计和创作工作。以下是 ChatGPT 的主要应用场景，如图 1-1 所示。

1. 传媒

ChatGPT 能够帮助传媒企业实现新闻的智能写作，提升新闻发布时效。同时，ChatGPT 基于算法模型，能够自动策划、编写新闻，实现新闻自动化采编，帮助传媒企业更加快速、精准地生成内容。

图 1-1 ChatGPT 的主要应用场景

2．电商

ChatGPT 能够打造虚拟客服，助力电商企业为用户提供 24 小时无缝对接服务。虚拟客服能够填补电商平台人工客服休息时的时间空白，实时为用户提供服务，更加全面、准确、快速地了解和响应用户需求。ChatGPT 对虚拟客服的话术有严格的约束，极大地增强了虚拟客服服务的可控性。

3．影视

ChatGPT 能够分析海量剧本，并通过对分析结果的总结和归纳，为影视创作者提供更符合观众需求的创作思路。ChatGPT 也能够按照预设风格自动生成剧本，影视创作者可以对 ChatGPT 生成的剧本进行筛选、加工和优化，以更好地完善剧本，缩短影视作品的创作周期。

4．教育

ChatGPT 能够实时生成教育资料，为学生解答学习疑惑。学生可以通过 ChatGPT 提供的在线问答功能与虚拟语音机器人实时交流问题和困惑，极大地提升了学生学习的自主性。此外，ChatGPT 还能够帮助学校和教师快速生成大量教学课件、试卷和试题等。

5. 金融

ChatGPT 能够帮助金融企业为客户提供更加及时、人性化的服务。金融企业利用 ChatGPT 能够自动生成产品介绍和金融咨询的文本，提升金融咨询服务效率。同时，金融企业还能够利用 ChatGPT 构建虚拟客服，实现与客户的在线实时交互，提升金融服务的效率和温度。

6. 医疗

ChatGPT 可以帮助医院自动生成医生与患者之间的对话交互文本，辅助医院录入电子病历，在一定程度上减轻医生的工作量，提升医生的工作效率。

ChatGPT 多元化的应用场景帮助诸多领域实现了高效、高质量的用户交互和服务。同时，ChatGPT 推动了众多领域的技术和服务升级，加快了各个行业的智能化发展。

1.1.3 关注要点：安全性+版权保护+道德问题

2023 年年初，ChatGPT 频频登上热搜榜，引发了众人的关注，其也在两个月的时间内收获了 2 亿个活跃用户。在感叹于 ChatGPT 的智能时，一些人也表达了对 ChatGPT 的担忧。那么，关于 ChatGPT，我们应该关注什么？

1. 安全性

ChatGPT 表现出了强大的智能性，展现出了巨大的市场价值。ChatGPT 在为人们的生活提供便利的同时，也可能会因对其滥用而产生安全威胁。

第一，ChatGPT 可能会成为不法分子进行网络攻击的工具。不法分子可能会借助 ChatGPT 进行代码编写，并进行有规模的网络安全攻击。这将增加网络安全攻击的频次。同时，以往以大型企业为目标的攻击模式或将转变，大中小企业都将成为网络安全攻击的目标。

第二，不法分子可能会借助ChatGPT的信息编写功能生成规模化的钓鱼软件。同时，智能生成的诈骗信息更加难以识别真伪，可能会导致更多人受骗。

第三，ChatGPT的算法逻辑中缺乏事实核查能力，很容易产生虚假信息，而这种风险又会在社交媒体中不断放大。网络用户难以识别出这些信息的真伪，由此也会加大网络舆情治理的压力。

针对以上安全性问题，我们应该怎么做？当前，我国已经颁布了《中华人民共和国网络安全法》《网络信息内容生态治理规定》《互联网信息服务算法推荐管理规定》等法律法规，对AI、算法等技术的应用进行了详细的规定，并建立了完善的监管体系。这些可以应对短期内ChatGPT可能引发的网络安全风险。同时，各大网络平台也要更新监管技术，提升监管力度，积极进行智能生成内容审核产品的研发和推广。

2. 版权保护

ChatGPT功能强大，能够生成文案、论文、新闻等多内容。从版权的角度来看存在一个问题，那就是使用ChatGPT生成的内容是否受版权保护？《中华人民共和国著作权法》第三条规定："本法所称的作品，是指文学、艺术和科学领域内具有独创性并能以一定形式表现的智力成果。"而ChatGPT的生成逻辑是在海量数据和机器学习的基础上，应用算法而产生的结果。

同时，人类创作内容耗费了很多精力，能够体现创作者想要传达的情感，是一种复杂的智力劳动。这种智力劳动是值得著作权法保护的。ChatGPT生成的内容虽具有人类智力创作成果的表象，但其生成过程与创作者的智力创作并不同，其生成的内容并不属于著作权法所涵盖的作品。因此，ChatGPT生成的内容并不受著作权法的保护。

ChatGPT生成的内容并不受著作权法的保护并不意味着他人可以自由使用ChatGPT生成的内容。ChatGPT生成的内容与作品市场的利益关系密切相关，可能会在未来受到相关法律的关注和保护。目前，已经有学者提出通过邻接权制度对 ChatGPT 生成的内容进行保护。邻接权即与著作权有关的权利，如版式设计者权、表演者权等。未来，这一可行性设想或将实现。

3. 道德问题

ChatGPT 引发的道德问题同样值得关注。如果没有输出控制，ChatGPT 很容易被用来生成不良言论、垃圾邮件等。除了直接生成有害内容，我们还要警惕 ChatGPT 从海量的训练数据中嵌入一些偏见和错误看法。

虽然为了规避出现以上问题，OpenAI 公司为 ChatGPT 安装了过滤器，但从目前来看，OpenAI 公司的防护效果并不理想。未来，ChatGPT 还需要进行技术迭代，加强在道德问题相关内容方面的管理。

1.1.4 类 ChatGPT 产品出现：阿里巴巴推出"通义千问"

在 2023 年 4 月 11 日的阿里云峰会上，阿里巴巴正式推出了类 ChatGPT 产品"通义千问"。"通义千问"的本质是一个 AI 驱动的大语言模型，具备智能对话、文案创作、多模态理解、多语言支持等功能。基于多模态的知识理解，其还可以续写小说、编写邮件等。

目前，一些阿里巴巴旗下产品已经接入了"通义千问"，产品功能变得更加智能。以钉钉为例，在接入"通义千问"后，当用户进入一个新群聊时，钉钉可以根据群内之前的聊天内容生成聊天摘要，帮助用户了解群内概况。同时，钉钉可以根据用户在钉钉文档中所提的需求，进行相关内容创作，生成创意图片。

在峰会上，阿里巴巴集团董事会主席兼 CEO 张勇表示："面对 AI 时代，所有产品都值得用大模型重做一次。"而阿里巴巴也是这样做的。基于"通义千问"对各种应用的智能赋能，阿里巴巴表示未来将会在旗下所有产品，如高德集团、闲鱼、淘宝等产品中接入"通义千问"，提升旗下产品的智能性。

此外，阿里巴巴还将面向企业提供更加普惠的大模型能力，助力企业发展。

未来，所有企业都可以借助"通义千问"的大模型能力，结合行业知识、应用场景等，训练专属大模型。在此基础上，所有企业都可以拥有专属的智能客服、智能语音助手、AI 设计师等。

1.2　发展梳理：从 PGC 到 UGC 再到 AIGC

随着互联网的不断发展，内容生产方式经历了 PGC（专业生产内容）、UGC（用户生成内容）、AIGC（人工智能生成内容）3 个阶段。

1.2.1　PGC：企业和平台是内容创作的主体

在 Web1.0 时代，内容创作与发布的主体是专家。专家通过专业的方式将信息整合在一起，信息内容具备更高的质量和专业度，这种内容生产方式被称为 PGC。浏览器、搜索引擎和门户网站是当时的主要产品。例如，亚马逊的互联网电影资料库、雅虎的综合指南网站等都是 PGC 的典型代表。

虽然互联网上的大多数内容都是由专家创作的，但 PGC 概念的真正普及是由内容平台、知识付费企业和互联网媒体机构共同推动的。PGC 内容创作的主体是平台和企业，它们能够保障内容的专业性，具备较强的内容生产能力。它们一般以用户需求为中心对内容进行加工，并借助高质量原创内容赚取内容创作收益，如版权作品、在线课程等。同时，它们所生产的高价值内容能够收获大批流量，并最终促成流量变现。

现阶段，PGC 这一内容生产方式仍被广泛应用。例如，腾讯视频、优酷、爱奇艺等平台的影视作品，虎嗅、36 氪等平台的新闻资讯，网易云课堂、得到等平台的音视频课程等，都属于 PGC 内容生产的范畴。

PGC 具有针对性强、质量高、易变现等优势，但也存在明显的不足。例如，专业性内容对质量要求较高，导致内容创作周期较长，创作门槛较高；PGC 内容的产量不足、多样性欠缺，导致用户的多样化需求无法得到更好的满足。PGC 的诸多缺陷也催生了新的内容生产方式的诞生。

1.2.2　UGC：用户成为内容创作主体

随着互联网时代的发展，互联网用户逐渐增多，用户对个性化、多样化内容的需求越来越大。同时，很多用户不再满足于单向地接收内容，而是想参与到内容创作中。此时，众多社交媒体的诞生逐渐满足了用户的这一需求。

在 Web2.0 时代，用户从内容的消费者转变为内容的创作者，逐渐展现出自身的创造力。UGC 这一内容生产方式迎来爆发式增长，逐渐成为内容生产新趋势，内容创作主体也逐渐从企业和平台转变为用户。专业性已经不再是内容创作的主要门槛，非专业人士也能够创作出大众喜闻乐见的内容，互联网迎来了用户创作内容的新时代。

在微博、微信等社交平台上，用户能够通过图文形式记录、分享自己的生活，同时也能够了解他人的生活；在豆瓣、贴吧、知乎等论坛上，用户可以自由探讨感兴趣的文章、书籍和影视作品；在快手、抖音等自媒体平台上，用户能够通过短视频创作的形式获取关注和流量，还能够实现流量变现。在各类平台的角逐之下，内容生产方式逐渐从 PGC 向 UGC 转变，用户成为内容创作的主体。

虽然 UGC 这一内容生产方式具有一定的优势，但也存在一些问题。例如，用户素质参差不齐，平台需要耗费大量的成本和精力去训练创作者，审核创作者发布的内容，把控创作者的内容版权。在 UGC 这一内容生产方式下，虽然内容供给问题得到了解决，但内容质量、内容版权和内容更新频率等方面依然存在问题。

相较于 PGC 的团队协作，UGC 的创作者更多的是"单打独斗"。因此，内容的原创程度、内容质量、内容发布频率难以得到更好的保障。在这种情形下，内容创作生态很容易遭到污染和破坏，内容生产效率也难以提升，这催生了 Web3.0 时代新型内容生产方式——AIGC 的诞生。

1.2.3　AIGC：AI 成为内容创作主体

面对亟待解决的互联网内容生产问题，利用 AI 生成内容的新型内容生产方式——AIGC 诞生了。AIGC 不仅能够识别出各种语义信息，还能够进一步提升内容生产力。在 Web3.0 时代，虚拟空间的发展需要高效的内容生产方式，而 AIGC 承载了人们对 Web3.0 时代内容生产方式的期待，满足了人们对高效、高质量的内容生产的需求。

让 AI 学会创作绝非易事，科学家曾做过诸多尝试。起初，科学家将这一领域称为生成式 AI，主要研究方向为智能文本创建、智能图像创建、智能视频创建等多模态。生成式 AI 通过小模型展开，这种小模型需要通过标准的数据训练，才能够应用于解决特定场景的任务。因此，生成式 AI 的通用性比较差，难以被迁移。

同时，由于生成式 AI 需要依靠人工调整参数，因此很快被基于强算法、大数据的大模型取代。基于大模型的生成式 AI 不再需要人工调整参数，或者只需要少量调整，因此可以迁移到多种任务场景中。其中，GAN（Generative Adversarial Networks，生成对抗网络）是 AIGC 基于大模型生成内容的早期重要尝试。

GAN 能够利用判别器和生成器的对抗关系生成各种形态的内容，基于大模型的 AIGC 应用逐渐出现在市场中。直到新一代聊天机器人模型 ChatGPT 出现，AIGC 才实现真正的商业化落地。AIGC 本质上是一种生产力的变革，其对内容生产力的提升主要体现在以下 3 个方面。

（1）AIGC 减少了内容创作中的重复性工作，提升了内容的生产效率和质量。

（2）AIGC 将创作与创意相互分离，使创作者能够在人工智能生成的内容中寻找思路和灵感。

（3）AIGC 综合了大量训练数据和模型，拓展了内容创新的边界，帮助创作者生产出更加独特的内容。

AIGC 有着不可逆转的发展态势，智能创作时代逐渐开启。AIGC 推动人类进入智能创作的新时代，其将成为智能化生产领域中的重量级新角色。

1.3　内容生成：AIGC 涵盖多样的内容模态

AIGC 集成了 AI 领域的图像处理、自然语言处理和声音处理等多种技术，能够在不同的内容模态下实现多种数据的协同生成和有效处理。AIGC 通过整合不同模态的数据，能够实现更加精准、全面的智能预测和决策，在诸多领域都具有较高的应用价值。

1.3.1　AI 图像：AI 绘画趋于普遍

自 2022 年以来，AI 绘画成为艺术创作领域的发展趋势之一。以 Midjourney、Disco Diffusion 等为代表的 AI 绘画软件纷纷涌现，广受用户欢迎。

在使用 AI 绘画软件作画时，用户无须手动绘画，只需在软件中选择自己想要的视角和风格，并输入关键词，AI 绘画软件便能够按照用户需求自动生成一幅高水准画作。AI 绘画凭借高超的技术水准和创作能力，逐渐成为主流艺术创作形式。

从生产力角度看，AI 绘画是图像生产领域技术层面的飞跃，大幅提升了图像的生产效率和质量。AI 图像是 AIGC 在图像生成领域的重要应用。目前，AI 图像有两种较为成熟的应用工具，分别是图像编辑工具和图像自主生成工具。其中，图像编辑工具的主要功能有增设滤镜、提高图片分辨率、去除图片水印等。图像自主生成工具聚焦功能性图像生成，常应用于海报、模特图、品牌 Logo 等图像制作方面。除上述两种外，还有创意图像生成工具，主要应用于随机或者按照特定属性生成画作。

如今，很多互联网用户都在自己的朋友圈和短视频平台分享各种形式的 AI 画作。从运用方式角度看，AI 绘画可以分为 3 类，分别是借助已有图像生成新图像、借助文字描述生成新图像和二者的结合版。

AI 绘图是 AI 图像生成技术的具象表现。从技术场景来看，AI 图像生成技术的应用场景可以分为图像属性编辑、图像局部生成及更改、端到端的图像生成 3 种，如表 1-1 所示。

AI 图像生成技术不断发展并实现商业化应用，市场十分广阔。未来，AI 图像将为艺术创作提供更多可能性。

表 1-1　AI 图像生成技术的应用场景

技术场景	落地场景	内容	现状及未来趋势	代表公司
图像属性编辑	图像编辑工具	图片去水印、调整光影、设置滤镜、修改图像风格、提升分辨率等	市场中已经出现大量应用产品；未来将持续更新产品使用体验，吸引更多用户	美图秀秀、PhotoKit、Imglarger、Hotpot 等
图像局部生成及更改	图像编辑工具	更改图像部分构成、面部特征等，可以调整照片的情绪、神态等	难以直接生成完整的图像，同时随着 AI 模型的不断发展，这类产品将越来越多	Adobe、英伟达等
端到端的图像生成	创意图像生成工具，如 NFT；功能性图像生成工具，如 Logo、宣传图等	可以生成完整图像、组合多张图像生成新图像等	当前市场中应用较少，将在未来短时间内实现规模化应用	阿里鹿班、Deepdream Generator、诗云科技等

1.3.2　AI 文本：方案、广告、小说皆可智能生成

随着人工智能技术的快速发展，AI 文本生成技术日趋成熟，并逐渐落地应用。AI 文本生成的方式主要有两类，分别是交互式文本生成和非交互式文本生成。交互式文本生成多应用于心理咨询、文本交互游戏、虚拟交友等领域；非交互式文本生成多应用于辅助性写作、结构化写作和非结构化写作等领域。

其中，辅助性写作主要包括关联内容推荐和内容润色等功能。从严格意义上说，辅助性写作不属于 AIGC 的范畴。结构化写作常见于新闻资讯和文章标题撰写等领域，非结构性写作常见于营销文本和剧情续写等领域。

结构化写作在早期便得到了应用。例如，四川省绵阳市发生 4.3 级地震，中国地震台网利用地震信息播报 AI 机器人在 6 秒内便撰写出一篇 500 字左右的新闻报道；四川省阿坝州九寨沟县发生了 7 级地震，该 AI 机器人不仅在新闻报道中写出了震源地地貌特征、天气情况、人口密度等内容，还自动为新闻报道配置了 5 张地震现场图片，整个撰写过程仅仅花费了二十几秒的时间；在地震后续的新闻跟进中，该 AI 机器人撰写并发布余震资讯仅仅花费了 5 秒左右的时间。

AI 结构化写作通常具有较强的规律性，能够根据高度结构化的数据生成文章。同时，AI 结构化写作的行文相对客观、严谨，在地震信息播报、股市资讯报道、体育资讯报道和公司年报呈现等方面具有一定的优势。很多媒体机构都有具有结构化写作能力的 AI 小编，如第一财经的"DT 稿王"、新华社的"快笔小新"、腾讯财经的"Dreamwriter"、今日头条的"Xiaomingbot"、封面新闻的"小封"和南方都市报的"小南"等。

非结构化写作难度相对较高，需要更加独特的创意，常见于诗歌、小说撰写。即便如此，AI 同样展现出惊人的非结构化写作能力。例如，微软推出的 AI 机器

人"小冰"曾编写并出版诗集《阳光失了玻璃窗》，诗歌整体上富有逻辑、情感和韵律，同时带有朦胧的意象和美感。

AI 在交互式文本中的应用具备十分突出的优势。例如，游戏开发者尼克·沃尔顿推出的一款名为《AI 地下城 2》的游戏就是一款利用 AI 文本生成打造的文字冒险游戏。在游戏中，用户可以通过 AI 生成设定角色，以祈使句输入行动，游戏 AI 能够根据用户输入的行动生成对应的故事。

AI 生成文本代替了大量文字创作领域的重复性劳动，帮助人类更好地与 AI 互动。未来，AI 很可能成为文本内容创作的主体，帮助人们在创作方面节省大量的时间和精力。

1.3.3　AI 音乐：谷歌 AI 模型 MusicLM 实现音乐即兴创作

2023 年 1 月 27 日，谷歌发布 AI 内容生成领域的新模型——MusicLM。这是继视频生成工具 Imagen Video、文本生成模型 Wordcraft 之后，谷歌再次推出的内容生成式 AI 模型，该模型瞄准了音乐创作领域。

其实，普通用户想通过 AI 模型创作音乐并不是一件容易的事情。AI 音乐是在很多信号的相互作用之下形成的，包括音色、音调、音律、音量等，这是一个充满复杂性的综合系统。因此，早期的一些 AI 自动生成工具所创作的音乐往往具备明显的合成痕迹，听起来很不自然。

此前，可视化 AI 工具 Dance Diffusion、Riffusion 能自主创作音乐，OpenAI 也曾推出 AI 音乐生成工具 Jukebox。但是这些 AI 音乐生成工具受限于数据和技术等因素，只能创作简单的音乐，而对于相对复杂的音乐，它们无法保障音乐的质量和高保真度。AI 模型要实现真正意义上的音乐自动生成，需要通过大量数据模拟和训练，这是 AI 自动生成工具在保障音乐质量上必不可少的基础性步骤。

MusicLM 能够在更加复杂的场景中直接将图像和文字进行合成,自动生成音乐,并且曲风多样。MusicLM 生成的音乐不仅可以满足用户的多样化需求,而且能够最大限度地保障音乐的高保真度。

MusicLM 还支持通过图像生成音乐,世界名作《星空》《格尔尼卡》《呐喊》等都可以作为生成音乐的内容素材,这是 AI 音乐生成领域的一大突破。MusicLM 不仅能够帮助用户识别乐器,还能够融合各种音乐流派,通过用户提供的抽象概念生成音乐。例如,用户想为养成型游戏配置一段音乐,只需要输入文字"养成型游戏的主配乐,动感且轻快",MusicLM 便可以按照要求自动生成音乐。

MusicLM 的训练数据很庞大,为理解深度、复杂的音乐场景提供坚实基础。MusicLM 针对音乐生成任务具有缺乏评估数据等问题,专门引入了 MusicCaps 来为音乐生成任务提供更好的评估。

1.3.4 AI 编程:智能系统重新定义编程

AI 编程一直是人们对于人工智能应用的一大期望。如今,人们的这一期望正在逐渐实现,AI 编程开始走入人们的生活中。AI 编程的主要优势体现在以下三个方面,如图 1-2 所示。

1	错误自动查找
2	错误自动修复
3	代码搜索

图 1-2 AI 编程的主要优势

1. 错误自动查找

AI 编程能够利用机器学习和深度学习自动检测代码中的错误，避免了人工检测错误不精准的问题。AI 编程通过给定一个代码语料库，自动生成训练数据，再将这些训练数据输入代码，以向量的形式表现出来，用户能够通过训练好的文本分类器预测新代码中可能存在的错误。

2. 错误自动修复

查找出代码中的错误之后，如何修复错误是一个十分关键的问题。AI 编程能够建立编码解码器模型，输入错误代码后，解码器中能够生成一个修复后的代码。对于原始数据集，AI 编程可以修复一部分错误；对于合成数据集，AI 编程可以修复大部分错误。

3. 代码搜索

如果用户想编写特定的代码，可以通过 AI 编程完成系统、标准的信息检索。在代码搜索中，AI 编程能够给定一组搜索结果。AI 编程代码搜索主要包含三个要素，分别是代码描述、代码片段和随机错误描述。这三个要素能够更好地捕捉语义的相似性。

AI 编程发展迅速，未来，AI 编程有望替代人类大部分的编程工作，帮助人类解决众多简单或复杂的编程问题，推动 AIGC 不断向前发展。

1.4　核心驱动力：AIGC 赋能元宇宙

随着 AIGC 应用领域不断拓展、应用价值不断提升，其与元宇宙呈现出融合发展态势，为元宇宙提供重要基础设施，成为推动元宇宙发展的核心驱动力。AIGC

技术逐渐趋于成熟，AIGC 的应用优势逐渐从降本增效向创造价值转变。

1.4.1　AIGC 是元宇宙实现的生产力工具

AIGC 是继 PGC、UGC 之后的新型内容生产方式，也是元宇宙实现的重要生产力工具，其在元宇宙领域的主要应用有文字生成图像、功能性图像生成、创意图像生成。

AIGC 与 VR（虚拟现实）、NFT（非同质化通证）一同成为元宇宙的三大重要基础设施。AIGC 进一步深化了 PGC、UGC 等内容生产方式的优势，技术进步和模型优化为 AIGC 的发展提供了核心动力，AIGC 的核心技术逐渐从 NLP（Natural Language Processing，自然语言处理）、GAN 向 Diffusion 过渡。

其中，GAN 是相对传统的图像生成模型，广泛应用于文字转图像、图像修复等领域。然而 GAN 具有样本重复、训练不稳定等缺陷，促使 Diffusion 逐渐流行起来。相较于 GAN 模型，Diffusion 生成的图像质量和水平更高，其采用开源方式，成功掀起图像生成领域 AIGC 的发展热潮。

虽然目前元宇宙的最终发展形态还不确定，但可以确定的是，元宇宙终将会大范围拓展人类的生活空间。人类要想在元宇宙虚拟空间中创造更好的生活环境，就需要大量的数字内容做支撑。而这仅仅依靠人工力量是难以完成的，AIGC 能够为人类提供帮助。

在元宇宙中，游戏成为主要的生活场景，能够为用户提供高度沉浸和拟真的体验。游戏的开发周期长、成本高，人工开发一般需要耗费大量的时间和精力，而 AIGC 开发工具能够大幅提升元宇宙游戏的开发效率。在 AIGC 的加持下，用户可以自主打造元宇宙中的游戏场景和游戏内容。游戏中的主程序、人物、剧本、场景、道具、配音、特效和动作等都可以通过 AIGC 开发工具自动生成。就目前 AIGC 的发展形势来看，在游戏开发设计方面，AIGC 有望达到专业设计师和开发人员的水平。

除游戏外，虚拟人也是元宇宙落地的一个重要领域。AIGC 将广泛应用于打造虚拟人，可以为虚拟人设计形象、性格、动作、声音及活动场景，增强虚拟人在元宇宙中的功能性，使虚拟人在元宇宙中有更加生动的表现。

1.4.2　由降本增效转向创造价值，AIGC 价值凸显

近年来，随着元宇宙概念的兴起，AIGC 成为新的元宇宙内容生成解决方案，同时也成为元宇宙的发展方向之一。AIGC 价值不断凸显，其对元宇宙的赋能也将从降本增效逐步转向创造价值。

AIGC 作为未来元宇宙发展的重要基础技术之一，将在元宇宙中开拓出更广泛的应用场景，创造更多更有趣的人与人、人与物之间的交互体验。AIGC 展现的应用场景令元宇宙用户向往，无论是工业化应用领域，还是娱乐应用领域，AIGC 的价值已经初步显现。随着 AI 技术的不断发展，AIGC 将推动元宇宙生态更加成熟。

AIGC 赋能元宇宙内容生产，给用户提供了大量内容创作的灵感和思路，使内容创作更加轻松、简单、便捷，用户能够更加积极、主动地参与元宇宙的内容创作，用户对内容生产和创造的真实需求能够得到最大限度的满足。

AIGC 改变了内容创作形式，使内容价值进一步凸显。随着 AIGC 的不断发展和升级，其将助力元宇宙创造出更多、更丰富的价值。

第 2 章

技术构成：AIGC 实现的关键技术

AIGC 概念全面爆发，迎来了快速发展。AIGC 生成的内容类型丰富、质量较高。AIGC 的繁荣发展离不开关键技术的支持：自然语言处理赋予 AI 理解与生成能力，AIGC 生成算法提升了 AI 创作能力，深度学习的不断完善为 AIGC 提供更多算法模型，多模态交互技术实现全方位的人机交互。

2.1　自然语言处理：赋予 AI 理解与生成能力

自然语言处理是一门借助构建算法使计算机能够理解、生成和分析人类自然语言的技术。自然语言处理包括自然语言理解与自然语言生成两部分，前者能够使计算机理解自然语言，后者能够使计算机生成自然语言。这两种技术赋予了 AI 理解与生成能力。

2.1.1　核心能力一：自然语言理解

自然语言理解（Natural Language Understanding，NLU）是一种帮助计算机理解文本内容的技术，能够赋予 AI 理解人类自然语言的能力，并完成语言理解领域的特定任务。

NLU 的应用范围十分广泛，如图 2-1 所示。

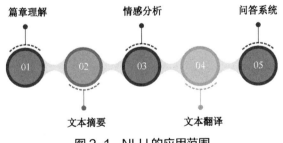

图 2-1　NLU 的应用范围

1. 篇章理解

AI 能够借助 NLU 技术处理给定的文章，把握文章的主要内容并按照文章的主题进行分类。AI 进行篇章理解大多基于有监督学习，即提供具有标注的训练集和待测试的测试集。通过训练，AI 将具有准确提取信息、全面把握内容的能力，能够被应用于测试集的分类任务中。

2. 文本摘要

文本摘要指的是为 AI 提供大量文本，AI 借助 NLU 技术提取文本的中心思想和主要内容，并生成简洁的摘要。文本摘要有两种，分别是生成式和提取式。生成式是 AI 在原文本的基础上，生成原文本没有的词句并组合成摘要；提取式是直接从文本中提取代表性词汇，经过语句组合形成摘要。生成式比提取式更复杂，但更符合人类的语言习惯，人类在进行文本摘要时，也是先阅读后理解，并用自己的语言进行融合、总结。

3. 情感分析

情感分析指的是 AI 借助 NLU 技术，根据语句中的情感词汇判断整个语句想要表达的情感倾向。例如，判断网友的留言是否友好。AI 可以借助情感词典，对语句中出现的情感词汇进行加权组合，得出整个语句的情感倾向；也可以利用有监督学习，借助标注数据训练情感分类。

4. 文本翻译

文本翻译是 NLU 应用频率最高的方向之一。每位用户都或多或少地使用过语言翻译器，将文本从一种语言翻译成另一种语言。文本翻译实质上是一种序列到序列的映射，通过人工标注数据集实现。目前，AI 进行文本翻译最大的挑战是不能将源文本中的每个字翻译成目标语言并拼接，而是需要结合语言的语法特点及具体的语用情境有针对性地进行调整。

例如，礼来公司曾经依靠 NLU 技术在全球开展业务。礼来公司多年来一直依靠第三方机构翻译各种内容，如公司内部的培训资料、与其他公司技术交流的内容等。为了改变这种依赖第三方的现状，礼来公司借助 NLU 技术和深度学习技术，开发了一套名为"Lilly Translate"的本土 IT 解决方案。Lilly Translate 能够为用户提供多种办公软件的实时翻译，并通过不断学习提高了翻译的准确性。Lilly Translate 为礼来公司节约了资金，提高了效率。

5. 问答系统

传统搜索引擎根据用户的搜索关键词，按照相关性从强到弱显示搜索结果。这种显示方式需要用户依次浏览才能够找到想要的内容。问答系统则是通过 NLU 系统为用户提供最准确的答案，提高搜索准确性。

语言是人类思维的载体，AI 理解自然语言，实际上是学习自然语言背后所指代的真实世界，以及符号与符号之间隐藏的人类认知思维过程。NLU 是一项关键技术，对于 AI 理解人类社会具有重要作用。

2.1.2　核心能力二：自然语言生成

自然语言生成（Natural Language Generation，NLG）主要用于提高人类与计算机之间的沟通效率，将计算机生成的数据转换为人类可以理解的语言形式。例如，用户询问智能音箱时间，智能音箱需要先利用 NLU 技术理解用户的意思，再利用 NLG 技术进行回复。

自然语言生成主要有文本到语言的生成（text‐to‐text）和数据到语言的生成（data‐to‐text）两种方式。自然语言生成需要经过六个步骤：

（1）内容确定。NLG 需要对信息进行确认，确认部分信息是否应该包含在建构的文本中。内容确定时会筛选一部分信息，最终传达的信息往往少于数据中包含的信息。

（2）文本结构。NLG 在确定内容后，会对文本顺序进行合理的排序。例如，描述一场会议时，会首先说明会议的时间、地点与参加人员，其次表明会议的内容，最后描述会议的结果。

（3）组合语句。NLG 会对语句进行合并，使得语句更加简洁、流畅。

（4）注重语法。NLG 会注重语法，且在各个语句之间添加关键词，使其拼成一个完整的句子。

（5）参考表达式生成。这一步骤与上一个步骤相似，但区别在于，这一步骤会识别文本内容所属的领域，使用该领域的词汇。

（6）语言实现。在确定好所有的词和短语后，将它们组合成完整的句子。

自然语言生成的潜力巨大，可以运用到多个场景中。

1. 相似问生成

面对全新的业务场景，AI 可能会缺少相关标注数据，这时可以使用自然语言生成技术扩充标注数据。相似问生成完全适配这个场景，其任务是输入一个问句，利用模型生成许多意思相近的问句。AI 模型一般会利用文本生成与相似度匹配同时进行训练。

例如，输入文字"QQ 音乐与网易云音乐哪个更好用？"，下面会生成许多相似的问句，按照关联度从大到小进行排列。关联度最大的句子较为完整地表述了原句的意思，关联度最小的句子则背离了原句的意思。在实际操作中，关联度的阈值可以灵活调整。

2. 可控文本生成

可控文本生成指的是在生成的文本中添加一些控制因素，使文本符合一定的要求，如生成文本的感情控制、风格切换等。例如，对生成的文本进行风格控制，可以输入彩妆广告标题，将其对应的广告分类作为控制条件。借助这个功能，可以生成符合指定语境的标题。

NLG 技术的不断成熟，为自然语言处理技术的发展带来更多的可能性。同时，自然语言处理技术将赋能 AIGC，创作出更多优秀的作品。

2.2　AIGC 生成算法：提升 AI 创作能力

随着 AI 技术的发展，生成式 AI 随之出现。生成式 AI 能够提升 AI 创作能力，大幅推动数字化内容生产与创造，助力 AI 创作进入爆发期。

2.2.1　生成式 AI VS 分析式 AI

AI 模型主要有两种：一种是生成式 AI，另一种是分析式 AI。生成式 AI 指的是借助机器学习对已有数据进行学习，进而创造出全新的、原创的内容。分析式 AI 能够对大量数据进行分析，在此基础上进行判断、预测，更有利于用户做出决策。生成式 AI 与分析式 AI 各有利弊，应用的领域也各不相同。

1.　生成式 AI

生成式 AI 的应用范围广，既能够在内容领域满足用户日益增长的创作需求，又能够在垂直领域大幅提高生产力，创造巨大的市场价值。

（1）生成式 AI 应用于娱乐媒体领域。生成式 AI 具有文本纠错、文本转语音、语音转文本、智能编辑图像、智能编辑视频等功能，不仅能够取代机械性劳动，而且能够通过不断学习，为用户提供新奇创意。随着 AI 算力、数据的进一步提高，生成式 AI 可能会达到专业水平或者拥有独特的创意，从而替代一部分内容创作者。

例如，2022 年 8 月，在一场数字艺术家比赛中，一名参赛者凭借一幅 AIGC 绘画作品《太空歌剧院》（如图 2-2 所示）获得了第一名，这表明生成式 AI 在绘画领域的水平有超越人类的趋势。

图 2-2　AIGC 绘画作品《太空歌剧院》

（2）生成式 AI 应用于多个垂直领域。例如，生成式 AI 能够进行代码生成，将自然语言快速翻译成代码，推动了计算机编程的智能化，提高了程序员的工作效率；ChatGPT 是一个聊天机器人模型，不仅能够将自然语言转化为代码，还能够对代码进行挑错并提出修改意见。相较于传统搜索引擎，ChatGPT 给用户带来了更好的体验。

但是，生成式 AI 也存在一些隐患，例如，生成式 AI 容易陷入抄袭风波。当用户利用 ChatGPT 生成内容时，所生成的内容只是基于曾经训练过的模型，从各类数据中复制粘贴合成的，在人类社会中这种行为会被定义为"抄袭"。

生成式 AI 生成的内容由大量文本拼接而成，很难对其进行溯源。而且尽管生成式 AI 生成的内容十分强大，但缺乏独特性，不能在创新性方面有所突破。

2. 分析式 AI

随着 AI 技术大爆发，分析式 AI 得到了发展，其主要被应用于推荐系统、图像识别等领域。

分析式 AI 在电商领域的显著应用之一是推荐系统。推荐系统能够深度挖掘用户与产品之间的关系，将用户感兴趣的产品精准地推送给用户，提升产品购买率；推荐系统能够借助算法，实现商品与用户需求的精准匹配，节省用户的检索用时；

推荐系统能够提升电商平台的销售额。

分析式 AI 能够利用推荐系统帮助音频、视频等娱乐领域快速发展。分析式 AI 能够对用户的视频数据进行分析，并通过分析结果将用户可能感兴趣的内容推送给他们，显著提高了用户的观看率，增加了用户黏性。

分析式 AI 能够利用图像识别技术促进自动驾驶领域的发展。自动驾驶汽车可以根据分析式 AI 提供的分析结果判断路况，对路上的障碍物进行识别，减少了安全事故的发生。

分析式 AI 也存在弊端，即无法对数据进行精确判断，无法在需要精确判断的场景中使用。因此，分析式 AI 在与安全有关的领域具有一定的局限性。同时，分析式 AI 难以在未知领域应用，因为其太过于依赖大量数据的输入与算法优化。

分析式 AI 更倾向于利用给定的模型不断地试错并做出判断，试错越多，判断越准确。在判断后，分析式 AI 会给出数据反馈，并对参数进行调整，使下一次判断更准确。生成式 AI 倾向于在已有的知识上进行模仿与生成，二者的使用领域不同，工作原理也不大相同。

2.2.2　AI 算法成熟，创作能力爆发

目前，ChatGPT 获得了广大用户的欢迎。ChatGPT 能够与用户以对话的方式进行交互，进行高质量的回复，给用户带来新鲜感。ChatGPT 的发展吸引了众多用户的目光，也标志着 AI 算法趋于成熟，创作能力即将实现爆发。

在 AI 的助力下，多样化的产品争相出现。生成式 AI 在 2021 年、2022 年连续两年入选 Gartner 发布的 *Hype Cycle for Artificial Intelligence*（《人工智能技术成熟度曲线报告》），被认为是 AI 在未来重要的发展趋势之一。除 ChatGPT 外，AI 模型——MusicLM 也大放异彩，可以根据输入的文本、图像生成音乐，而且曲风多样。这些 AI 模型的出现意味着 AI 的触角已经深入艺术创作领域。

2022 年，扩散模型 Diffusion 引发了人们的讨论热潮，越来越多的人开始选择研究 Diffusion。Diffusion 作为一个高性能深度学习模型，能够根据输入的文字输出精美图片，提高 AI 图像的生成效率与精度。用户只需要在其基础终端设备内输入关键词，便可以获得高质量的 AI 图像。

生成式 AI 的火热促使许多企业不断研发相关产品。例如，用户在百度研发的产品"文心 ERNIE 3.0"中输入一个题目，就可以获取体裁、风格不同的内容；华为云推出了可用于虚拟直播、虚拟视频内容制作的数字内容生产线——MetaStudio；Midjourney 作为一个图片生成应用，在 Discord 中拥有百万粉丝；ChatGPT 仅上线一周，粉丝数量便直逼百万。

例如，在论坛上，一个名为"Reddit"的用户发布了一段自己与 ChatGPT 的对话。在对话中，Reddit 询问 ChatGPT"如何用 JavaScript 方法在调制控制台中打印一只狗？"ChatGPT 立即做出了回应，并利用代码在屏幕中拼凑出狗的形状。

看似简单的一段对话，却显示出了 ChatGPT 的强大能力，用户只需要输入一段文字便可以解决难题。由于 ChatGPT 的能力过于强大，因此越来越多的用户认为其在将来有可能完全取代搜索引擎，甚至取代学校中的助教。

虽然生成式 AI 的未来发展前景广阔，但是其在目前发展阶段还存在一些问题，例如，生成式 AI 在生成文本方面缺乏可控性与稳定性，具体表现为：AI 在回复论文方面的问题时，可能会使用一些不恰当的例子；AI 在写代码时，可能会生成一些错误代码。

在图片生成方面，生成式 AI 面临着 AI 创作的画作质量不高、设计侵权等问题。AI 创作画作时，会根据用户给出的关键词借鉴其他画作，因此生成的画作可能与其借鉴的画作相似性高，由此引发许多争议。为了表达对 AI 创作侵权的不满，一些艺术作品展示平台积极呼吁"NO TO AI GENERATED IMAGES"（拒绝 AI 绘画），并且有的平台还添加了过滤功能，用来屏蔽 AI 作品。

生成式 AI 的创作数据在 AI 技术与深度学习的助力下不断发展，甚至有些内容的创作水平极高。但是，除侵权问题外，"换脸""变声"等 AI 生成内容可能会加速虚假信息的传播，增加了监管隐患。

虽然目前生成式 AI 发展迅速，但是在减少模型训练成本、打造差异化优势、改变用户获取策略等方面仍需不断努力，以逐步构建起可持续发展的 AI 商业模式，帮助用户快速、高效、低成本地创作。

2.3　预训练大模型崛起，赋能深度学习

当今时代是数字化时代，得益于数据挖掘、数据分析、大数据等技术的飞速发展，预训练大模型也实现了崛起。预训练大模型是深度学习的一次重要变革，能够降低 AI 开发与落地的门槛。预训练大模型作为一种"大算力+强算法"的产物，能够赋能深度学习，促进 AI 发展。

2.3.1　预训练大模型发展，破解深度学习难题

随着数据越来越多，算法越来越强大，算力也越来越强大。在这种背景下，预训练大模型得到了重视。想要实现 AI 的发展，就需要运用大量的数据进行训练，训练质量的高低取决于数据的数量与质量。预训练大模型是预先训练好的模型，通过对大量数据的挖掘与学习，进入可大规模量产的落地阶段，帮助用户降低创建模型和训练的成本。

预训练大模型是多种技术的结合，既需要深度学习算法的支撑，也需要大量数据、超高算力与自监督学习能力，还需要在多种任务、多种场景内进行迁移学习，确保模型能够应用于多个场景，赋能各行各业。

深度学习弥补了传统机器学习的不足，是从数据中进行学习，而预训练大模型则是借助大量模型训练数据。深度学习的优势是可以对各种类型的数据进行处

理，如图片、文本等很难通过机器处理的数据。而预训练大模型的优势不仅体现在处理数据的类型更加广泛上，还体现在处理数据的级别更高上。

此外，深度学习不需要借助大量的数据模型来挖掘数据特征之间的关联，但是预训练大模型需要，这表明其需要更强的算力支撑。预训练大模型在训练过程中会运用大量数据，深度学习过程中也需要大量数据，预训练大模型能够为深度学习赋能，并推动 AI 不断发展。

1. 预训练大模型能够推进 AI 产业化发展，实现 AI 转型

虽然 AI 发展得如火如荼，但其仍处在商业落地的初级阶段，面临着一系列问题，如碎片化的场景需求、人力成本过高、缺乏场景数据等。而预训练大模型能够有效解决模型通用性、研发成本等方面的问题，加快 AI 落地。

AI 模型在使用深度学习技术时，仅对特定的应用场景进行训练，采取传统定制化的开发方式，然而传统 AI 模型的流程较长，涵盖了从研发到应用的整条路径。完成这一整套流程对研发人员的要求很高，研发人员不仅需要扎实的专业知识，而且需要齐心协力、通力合作，这样才能完成琐碎、复杂的工作。

预训练大模型的训练原理是借助庞大、多样的场景数据，训练出适合不同场景、不同业务的通用能力，使预训练大模型能够适配全新业务场景。预训练大模型的通用能力解决了 AI 多样化的需求，降低了 AI 应用落地的门槛。

2. 预训练大模型借助自监督学习功能降低 AI 开发成本

传统模型训练过程需要研发人员参与调参调优工作，模型训练还需要大规模标注数据，对数据要求很高。但是，许多行业面临着原始数据收集困难、收集数据成本高的问题。例如，在医疗行业中，为了保护用户的隐私，难以大规模获取用户数据进行 AI 模型训练。

预训练大模型的自监督学习功能能够很好地解决传统模型训练所面临的问题。自监督学习功能无须或很少依靠人工对数据进行标注，能够自动学习区分原

始数据，并构建学习任务，解决了人工标注成本高的问题。与传统 AI 模型开发模式相比，预训练大模型更具有通用性，能够实现多个场景的广泛应用。自监督学习功能有效降低了研发成本，为 AI 产业化提供助力。

预训练大模型作为深度学习的一种模型，具有大量处理数据、提高模型准确性等优点。预训练大模型还能够为深度学习提供支持，提高深度学习的训练效率。

2.3.2　破解通用性难题，应用全方位突破

深度学习作为建构、训练 AI 的基石，为 AI 的发展提供了核心技术，但是 AI 模型仍然面临着很多挑战，其中的重要挑战之一是 AI 模型的通用性太差，即 A 模型只能用于 A 领域，而无法适配 B 领域。针对这一问题，预训练大模型提供了解决方案。预训练大模型能够使 AI 模型具有泛化能力，从而具有通用性与实用性。

传统 AI 模型往往使用已知数据进行训练，然而已知数据与实际数据可能存在一定的误差，拟合程度不高。如果在测试环境中，还可以对 AI 模型进行调整，但在实际应用中，重新调整的经济成本过高，也很难发挥更好的作用。碎片化、适配性差、成本高等问题，给 AI 规模化落地造成阻碍。

预训练大模型能够解决这些问题，提高 AI 的开发效率。预训练大模型可以通过大规模的数据训练适应下游任务，即借助"大规模训练+微调"的方式破解通用性难题，实现全方位突破。

例如，2022 年 12 月，百度与鹏城实验室共同研发了知识增强千亿大模型——鹏城-百度·文心。鹏城-百度·文心的通用性很强，能够完美完成阅读理解、文本生成、跨模态语义理解等 60 多项任务。同时，鹏城-百度·文心还具有泛化能力，能够在 30 多项小样本任务上刷新基准。鹏城-百度·文心以解决 AI 模型泛化能力弱、落地成本高为目的，赋能各行各业。目前，文心大模型已经对外开放，在工业、金融等多个领域得到应用。

预训练大模型的出现解决了 AI 模型通用性难题，未来，预训练大模型将向着促进 AI 模型便捷化、高效化的方向发展。

2.4 多模态交互技术：实现全方位的人机交互

多模态交互技术是一种感官融合技术，用户可通过文字、语言、视觉、动作与计算机进行交互。借助多模态交互技术，AI 能够充分模拟人与人之间的交互，实现全方位的人机交互，为用户提供更好的体验。

2.4.1 多模态交互：文字+语音+视觉+动作

近年来，多模态交互技术得到了广泛的应用。多模态交互技术实现了文字、语音、视觉、动作 4 个方面的感官交互，使用户与计算机的交互从单模态走向多模态，为 AIGC 智能创作赋能。

在我们的日常生活中，最常见的两种模态是文字与视觉。视觉模型可以为 AI 提供强大的环境感知能力，文字模型使 AI 具有认知能力。如果 AIGC 仅能生成单模态内容，会对 AIGC 应用场景的拓展、内容生产方式的革新造成阻碍。由此，多模态营运而生。多模态能够处理多种数据，为人机交互提供动力。

多模态大模型拥有两种能力：一种是寻找不同模态数据之间的内在关系。例如，将一段文字与图片联系起来；另一种是实现数据在不同模态之间的相互转换。例如，根据动作生成对应的图片。多模态大模型的工作原理是将不同模态的数据放到相似或相同的语义空间中，通过不同模态之间的理解寻找不同模态数据的对应关系。例如，在网页中搜索图片，需要输入与之相关的文字。

多模态交互也在人机交互中实现了广泛应用。AI 的发展使服务机器人逐步走近用户，在商场、餐厅、酒店等场景中，能看到服务机器人忙碌的身影。但是，大多数服务机器人都不够智能，仅能如同平板电脑一般在用户发出需求后响应，无法主动为用户提供服务。

在推动服务机器人智能化、人性化的需求下，百度率先对小度机器人进行了技术革新。百度借助多模态交互技术，使小度机器人能够快速理解当前场景，理解用户的意图，主动和用户互动。虽然让机器人拥有主动互动能力并不是一项全新的技术创举，但相较于以往的互动模式，机器人的互动能力有了很大提升。百度自主研制了人机主动交互系统，设计了上千个模态动作，在观察服务场景后，小度机器人能够提供主动迎宾、引领讲解、问答咨询、互动娱乐等服务，推动了机器人行业和 AI 行业的发展。

多模态大模型能够帮助 AI 进行多种交互，是 AI 迈向通用人工智能的重要步骤。未来，AI 将借助多模态大模型，拥有更多认知，帮助人类解决更多难题。

2.4.2　多模态人机交互让虚拟数字人更加鲜活

手机厂商纷纷推出虚拟数字人智能助手，京东、阿里巴巴等互联网企业推出自己的数字人，美妆品牌纷纷邀请虚拟数字人代言……各行各业中的企业布局动作不断，虚拟数字人成为热门应用，逐步走进人们的生活。

虚拟数字人的火爆并不是偶然，而是用户对于人机交互的深层次需求的体现。用户不再满足于单模态的单向输出，而是渴望多模态的听觉、视觉、动作和语言的融合。多模态人机交互技术的出现，能满足用户的需求，使虚拟数字人更加鲜活。

例如，百度推出了可交互数字人——度晓晓。度晓晓具有丰富多彩的聊天功能：基于"人设"与用户互动，充分体现自己的个性；支持表情包、语音、视频等多种聊天形式；拥有讲故事、唱歌等多种玩法。

度晓晓如同活在电子世界的真人，为用户带来真实的交互体验。而这一切都离不开百度的技术支持。度晓晓运用多模态交互技术，能够在学习大量数据后，实现对语言、图片和视频的理解，不仅能够与用户产开交流，还能够在长久的互动中实现成长。

目前，多模态交互技术已经在多个领域实现落地。未来，这一技术会进入多场景应用新阶段，赋能各行各业，催生更加鲜活的虚拟数字人。

第 3 章

产业生态：产业生态已现雏形

自 2022 年以来，从频频出圈的 AI 绘画到火爆社交网络的聊天机器人 ChatGPT，AIGC 相关应用引发热议。其强大的内容生产力让很多企业看到了发展机遇，企业纷纷加快布局。在越来越多的企业纷纷拥抱 AIGC 的态势下，AIGC 产业生态已现雏形。

3.1　产业生态拆解：上中下游产业链逐步搭建

AIGC 产业生态呈现 3 层架构：产业上游为 AIGC 提供技术基础，搭建基础设施；产业中游提供各种算法模型，为 AIGC 的应用提供工具；产业下游是 AIGC 的多领域应用，聚集着诸多尝试将 AIGC 落地的企业。

3.1.1　产业上游：提供核心数据服务

在 AIGC 产业发展的过程中，人工智能的分析、决策、创作等功能的实现都离不开海量数据的支持。而 AIGC 产业的上游供应商，主要提供的就是各种各样的数据服务。整体而言，AIGC 产业上游生态如表 3-1 所示。

表 3-1　AIGC 产业上游生态

产业	提供服务	代表服务商
产业上游 提供核心数据服务	数据处理	Databricks、ClickHouse、帆软等
	数据标注	Appen、Scale AI、Testin 云测等
	数据治理	OneTrust、光点科技等

AIGC 产业上游提供的数据服务包括数据处理、数据标注、数据治理等。

1. 数据处理

一般而言，数据库有两类：一类数据库汇集各类数据但不做区分；另一类数据库会分门别类地存储数据。随着技术的发展，供应商往往会将两种数据库进行结合，以打造完善的数据库，使数据库同时具有易用性和规范性的特点，为用户提供多元化的服务。从数据处理时效性的角度看，提供数据处理服务的供应商包括异步处理型企业和实时处理型企业两类。数据处理包括数据提取、数据加载、数据转换、数据集成等。根据处理方式的不同，提供数据处理服务的供应商又分为本地部署型企业和云原生型企业两种。

2. 数据标注

无论哪种机器学习模型，都需要对数据进行标注、管理、训练，从而形成算法模型。当前市场上，谷歌推出 AI 系统 LaMDA，与一家美国数据标注服务商合作；Meta 推出对话机器人 BlenderBot 3，与数据标注平台亚马逊 MTurk 合作。不难看出，很多大模型的背后都有数据标注平台的支撑。在技术、需求的驱动下，数据标注公司借助 AI 辅助标注、模拟仿真等技术不断提高数据标注的质量和效率，为用户提供更优质的服务。

3. 数据治理

在 AIGC 蓬勃发展的数字经济时代，数据是重要的生产资料。因此，数据资产管理需要有明确的规范，数据访问、数据调取等要做到合规。数据合规服务供应商可以为企业提供多样的数据治理工具和定制化的数据治理方案，为企业的AIGC 探索提供数据支撑。

3.1.2 产业中游：搭建算法模型

AIGC 产业中游提供各种算法模型，这是 AIGC 最终落地应用的关键环节。从整体来看，AIGC 产业中游生态如表 3-2 所示。

表 3-2 AIGC 产业中游生态

产业	主要参与者	主要代表
产业中游 搭建算法模型	AI 实验室	DeepMind、OpenAI 等
	企业研究院	阿里巴巴达摩院、微软亚洲研究院等
	开源社区	GitHub、Hugging Face 等

AIGC 产业中游主要包括 3 类参与者。

1. AI 实验室

算法模型是 AI 系统实现智能决策的关键，也是 AI 系统完成任务的基础。为了更好地研究算法、推动 AIGC 商业化落地，很多企业打造了专业的 AI 实验室。例如，谷歌收购了 AI 实验室 DeepMind，将机器学习、系统神经科学等先进技术结合起来，构建强大的算法模型。

除附属于企业的 AI 实验室外，还有独立的 AI 实验室。当下获得诸多关注的 OpenAI 就是一个独立的 AI 实验室，致力于 AI 技术的开发。OpenAI 推出的大型语言模型经过了海量数据训练，可以准确地生成文本，完成各种任务。

2. 企业研究院

一些实力强劲的大型企业往往会设立专注于前沿科技研发的研究院，以加强顶层设计，构建企业创新的主体，推动企业进行新一轮变革。

例如，阿里巴巴达摩院就是一家典型的企业研究院，旗下的 M6 团队专注于认知智能方向的研究，发布了大规模图神经网络平台 AIiGraph、AI 预训练模型 M6 等。其中，AI 预训练模型 M6 功能强大，可以完成设计、对答、写作等任务，在电商、工业制造、艺术创作等领域都有所应用。

3. 开源社区

开源社区对 AIGC 的发展十分重要。它提供了一个代码共创的平台，支持多人协作，可以推动 AIGC 技术的进步。

例如，GitHub 就是一个知名的开源社区，它可以通过不同编程语言托管用户的源代码项目。其功能主要包括以下 4 个方面。

（1）实现代码项目的社区审核。当用户在 GitHub 中发布代码项目时，社区的其他用户可以对该项目进行下载和评估，提醒其中存在的问题。

（2）实现代码项目的存储和曝光。GitHub 是一个具有存储功能的数据库。作为一个体量庞大的编码社区，GitHub 能够实现代码项目的广泛曝光，吸引更多人的关注和使用。

（3）追踪代码的更改。当用户在社区中编辑代码时，GitHub 可以保存代码的历史版本，便于用户查看。

（4）支持多人协作。用户可以在 GitHub 中寻找拥有不同技能、经验的程序员，并与之协作共创，推动项目发展。

AIGC 产业中游产出各种算法模型，提供开源共创平台，为 AIGC 相关应用的研发赋能。

3.1.3 产业下游：多领域应用拓展

AIGC 产业下游聚集着各类可切实落地的应用。整体而言，AIGC 产业下游生态如表 3-3 所示。

表 3-3　AIGC 产业下游生态

产业	应用场景	代表企业
产业下游 多领域应用拓展	文本生成	OpenAI、谷歌、百度、阿里巴巴、科大讯飞、腾讯等
	图片生成	Stability AI、Shutterstock、阿里巴巴、快手、字节跳动等
	音频生成	谷歌、OpenAI、Mobvoi、科大讯飞、网易、标贝科技等
	视频生成	Meta、谷歌、百度、商汤科技等
	其他	英伟达、谷歌、网易、腾讯等

AIGC 产业下游涉及的应用场景主要有文本生成、图片生成、音频生成、视频生成及其他。

1. 文本生成

文本生成是 AIGC 应用较为普遍的一个场景。很多企业都会从多个角度出发，通过 AIGC 文字生成技术提供营销文案创作、智能问答、新闻稿智能生成等服务，赋能其他企业的业务拓展。

长期致力于 AI 领域产品研发的科大讯飞推出了一款智能语音转文字产品——讯飞听见 M1S。其可以满足高质量录音需求，并通过智能转写功能将音频文件转成文本，满足会议、采访、培训等多个场景的要求。

同时，在 AI 艺术创作方面，科大讯飞推出了一款 AI 书法机器人。该机器人的外形像一个机械手臂，可以握住毛笔。在用户选择好想要它书写的内容后，该机器人就会自动完成蘸墨、书写等动作。基于 AI 创作的智能性，该机器人不仅可以完成多种内容的书法创作，而且下笔遒劲有力，笔画规范，字间距十分标准。

2. 图片生成

相比文字生成，图片生成的门槛更高，传递的信息更加直观，商业化的潜力也更大。AIGC 图片生成应用可以完成图片生成、图片设计、图片编辑等诸多任务，在广告、设计等方面将带来诸多机遇。

当前，市场上已经出现了多种类型的 AI 绘画工具，借助于这些工具，用户的各种想象可以以图画的形式呈现出来。以 AI 绘画软件——梦幻 AI 画家为例，用户可以进行画面描述、选择绘画风格、设置绘画尺寸，然后生成个性化的绘画作品。

3. 音频生成

音频生成指的是借助 AIGC 语音合成技术生成相关应用。这类应用可以分为 3 种：音乐创作类、语言创作类、音频定制类。许多公司都在音频生成方面进行探索，推出各种智能语音生成应用。

标贝科技[1]在智能语音生成方面深耕多年，推出了多样的音频生成应用。2022

---

[1] 标贝科技指的是标贝（北京）科技有限公司。

年，标贝科技更新了方言 TTS 定制方案，上线了东北话新音色。标贝科技通过大量的东北话语料不断地对语言模型进行优化训练，实现了高质量的语音合成效果。在应用场景方面，标贝科技推出的智能语音服务可以应用于智能客服、语音播报等诸多场景，为用户带来优质体验。

4. 视频生成

视频生成也是 AIGC 的重要应用场景，细分应用场景包括视频编辑、视频二次创作、虚拟数字人视频生成等。在这个领域同样聚集着不少科技企业。

例如，商汤科技推出了一款智能视频生成产品。该产品基于深度学习算法，可以对视频进行声音、视觉等多方面的理解，智能生成视频。同时其也可以对视频进行二次创作，输出高质量、风格鲜明的视频。

5. 其他

除以上 4 个方面外，AIGC 在游戏、代码、3D 生成等方面也有广阔的应用前景。在游戏方面，AIGC 可以助力游戏策略生成、NPC 互动内容生成、游戏资产生成等；在代码方面，AIGC 生成代码能够替代人工的很多重复性劳动；在 3D 生成方面，英伟达、谷歌等互联网巨头已在布局，推出了英伟达 Magic3D、谷歌 DreamFusion 等产品。

未来，随着 AIGC 相关技术的发展和众多企业的持续探索，AIGC 的相关应用将更加多样，并且将在传媒、电商、金融等诸多领域实现落地。

3.2 产业价值：消费端+产业端+社会端

当前，AIGC 已经在电商、娱乐等诸多行业获得创新发展，AIGC 在消费端、产业端、社会端的产业价值逐渐显现。

3.2.1　消费端：AIGC 推动数字内容变革

在消费端，AIGC 对数字内容领域的变革主要表现在以下 4 个方面。

（1）AIGC 成为新型的数字内容生产基础设施，能够构建数字内容生产与交互的新范式。当前，AI 在内容生产领域逐渐渗透，不仅在文字生成、图片生成等领域有"类人"的表现，还基于大模型训练展示出强大的创作潜能。基于 AIGC 的赋能，创作者可以摆脱技法的限制，轻松展示创意。

AIGC 迎合了消费者对于多元化数字内容的强需求。由于数字内容消费结构升级，视频类数字内容的市场规模持续增加，短视频和直播更加流行。这使得在消费端深受用户欢迎的视频内容变成一种不断产出的"快消品"。视频内容创作需要更加智能、高效的方式，AIGC 将成为未来数字内容生产的基础设施。

（2）AIGC 在内容生成方面具有巨大优势，能够促进内容消费市场更加繁荣。一方面，AIGC 可以智能生成海量的高质量内容。另一方面，AIGC 将丰富数字内容的多样性。AI 模型不仅可以生成文字、图片、视频等多种内容，还可以衍生出不同的内容风格。例如，AI 模型不仅可以创作写实风格、抽象风格的画作，还可以创作现实风格或超现实风格的视频等。

（3）AIGC 将成为 3D 互联网建设的重要工具。随着技术的升级，互联网的发展将从平面走向立体，而 AIGC 将加速 3D 互联网的实现。AIGC 将为 3D 创作赋能，提升 3D 虚拟场景搭建、3D 形象创作的效能。

当前，已经有企业在 AIGC 生成 3D 内容方面进行了探索。例如，谷歌在 2022 年发布了一款文字转 3D 内容的 AI 模型，但从效果来看，还有很大的进步空间。AIGC 生成 3D 内容领域还有待持续发展。

（4）智能聊天机器人和虚拟数字人打造了新的用户交互形式，给用户带来了全新的交互体验。自聊天机器人产品 ChatGPT 火爆网络后，不少企业都尝试借助 OpenAI 的语言模型推出自己的聊天机器人产品。例如，社交媒体 Snapchat 基于 OpenAI 的语言模型，在 2023 年 2 月上线了聊天机器人"My AI"，向用户提供智能对话服务。

AIGC 降低了虚拟数字人的制作门槛，用户可以借助 AIGC 智能生成超写实的虚拟数字人。同时，AIGC 可以提高虚拟数字人的识别感知、分析决策等能力，使其神情、动作更似真人。

3.2.2 产业端：合成数据指引 AI 发展路径

合成数据指的是由计算机模拟技术或计算机算法生成的数据，而非在环境中收集的原始数据。合成数据伴随着机器学习的发展而发展。为了保证 AI 模型训练的精准性，训练数据需要涵盖多个应用场景。如果某个应用场景的数据缺失，那么机器理解该应用场景的能力也会存在欠缺，而合成数据可以弥补这种欠缺。合成数据可以创建类别丰富的合成数据集，生成覆盖范围更广的 AI 模型。在产业端，合成数据将指引 AI 的发展路径。

一方面，合成数据将为 AI 模型训练提供数据基础。AI 的发展离不开数据，但数据存在着质量参差不齐、标准不统一等问题。计算机算法生成的合成数据可以为 AI 模型的训练提供数据基础，解决 AI 模型训练中面临的种种数据难题。

（1）解决数据匮乏、数据质量等问题，通过合成数据改善基准测试数据的质量。

（2）解决数据安全问题，避免用户隐私泄露。

（3）保证数据多样性，反映更加真实的现实场景。

（4）提高 AI 模型训练速度和效果。

总之，合成数据可以高效生产用于 AI 模型训练的各种数据，拓展 AI 应用的可能性。

另一方面，合成数据将拓展 AI 应用场景。合成数据在发展的早期主要应用于自动驾驶、安防等领域。在这些应用场景中训练 AI 模型并不容易，因为 AI 模型需要海量的标注数据，但在这些应用场景中获取真实数据比较困难。例如，在自动驾驶领域，由于道路场景多种多样，自动驾驶系统难以在现实中实现对所有场景的训练，需要借助合成数据，才能够获取更多场景的数据。

一些企业尝试通过仿真引擎获取海量的训练数据。例如，腾讯推出的自动驾驶仿真系统能够生成多样的交通场景数据，为自动驾驶系统的训练提供数据支持。

除自动驾驶领域外，合成数据在金融、医疗等领域也有所应用。在金融领域，生成式 AI 可以以低成本提供规模化的数据，同时保障数据隐私；生成对抗网络广泛应用在欺诈检测、交易预测等场景中。在医疗领域，合成数据可以推动医疗 AI 的发展。医疗机构可以利用合成的基因数据、医疗数据等进行研究，推动医学研究的发展。未来，基于数据合成技术的支持，AI 应用场景将进一步蔓延，在更多场景落地。

合成数据对于 AI 的发展具有重要价值，这使合成数据成为一个企业争相布局的新赛道。英伟达[①]就是其中的典型代表，其推出的虚拟协作开放式平台——Omniverse 具备数据合成能力，可以为 AI 算法训练提供技术引擎。

在 Omniverse 平台中，用户可以创建虚拟环境，并在其中进行机器人训练。在虚拟世界中训练机器人的结果可以同步到现实世界的机器人身上，实现快速应用。Omniverse 平台同时提供多种模拟场景，支持用户进行自动驾驶系统的训练。

不仅实力强劲的科技巨头纷纷布局，一些创业者还将合成数据赛道作为创业的新阵地。相关统计数据显示，截至 2023 年 2 月，全球合成数据创业公司已经突破 100 家。这些创业公司受到了资本的追捧，不少公司已经获得融资。未来，在创业公司以及资本的共同助推下，合成数据服务将越来越多样化、专业化。

---

① 英伟达指的是 NVIDIA，是一家人工智能计算公司。

3.2.3　社会端：解放人力，助力创造力提升

在社会端，AIGC 的价值体现在解放人力、提升创造力方面。AIGC 能够以高效率、低成本的智能化内容生产满足用户的个性化需求，完成较为基础的创作工作，解放人力。在深入各领域的过程中，AIGC 将通过与各行业的结合，催生新业态，形成"AIGC+"的社会效应。

AIGC 强大的内容生成能力，使其能够高效、高质量地创造出海量内容。以绘画为例，画家需要花费数天时间才能完成的画作，AI 绘画在几分钟内就能智能生成。这能够解放人力，让人们将时间用于更具创造性的工作上。

当前，AIGC 可以智能创造内容，如智能作画、智能生成视频，但其并不具有创造力，只是基于深度学习进行模仿式创新。AIGC 背后的创作者是人类，但AIGC 依旧是有意义的，其能够作为辅助手段，提升人类的创造力。AIGC 的价值就是能够完成基础性创造工作，解放人力。

AIGC 为人们提供了新的创作工具，也变革了内容创作模式。画师在绘画时，可以先将关键词输入 AI 绘画程序，得到绘画方案后再进行下一步的创作；作家在写作时，也可以基于 AI 生成内容框架，再进一步优化内容。这体现了 AIGC 给内容生产方式带来的变革。

例如，基于 AIGC 的应用，文物修复方式实现了变革，可以实现对文物在数字世界的重塑和再造。腾讯借助 360°沉浸式展示技术、AI 技术等，实现对文物的数字化诊疗。在敦煌壁画的修复方面，由于壁画种类多、损坏原因多样，因此难以设计出统一的壁画修复方案，并且人工修复的成本很高。而 AIGC 为壁画修复提供了新方案。

腾讯通过深度学习壁画损坏数据，打造了一种先进的 AI 壁画病害识别工具，并在此基础上提供系统的解决方案。在修复环节，腾讯还推出了沉浸式远程会诊

系统，全方位展示文物的细节，让身处异地的专家可以清楚地查看文物的情况，实现远程文物会诊。

未来，随着 AIGC 应用场景的拓展，将推动更多行业生产方式的变革，给人们的生活带来便利，加速社会发展。

3.3　产业发展面临的挑战

AIGC 浪潮袭来，给产业发展带来了机遇，也带来了新的挑战，如知识产权挑战、安全挑战等。

3.3.1　知识产权挑战：数字内容存在版权风险

随着 AIGC 爆火，其相关应用也强势出圈。在这一过程中，AIGC 可能引发一些风险。例如，在知识产权保护方面，数字内容的版权风险是 AIGC 产业中的相关利益者不得不思考的一个问题。

2023 年 1 月，美国 3 名漫画家对 3 家 AIGC 商业应用公司提起诉讼，指控这些公司推出的 AI 内容生成工具存在侵权问题；2023 年 3 月，一家 AIGC 公司遭到一名报社记者的指责。该记者称，该公司广泛使用其原创文章进行 AI 模型训练，但并未支付版权费用。这些现实案例表明，AIGC 的发展面临知识产权挑战。

AIGC 开发、应用过程中会涉及知识产权问题，因为 AI 模型的打造需要依靠海量数据进行模型训练，而这些数据内容往往是受版权法保护的。如果 AIGC 相关公司擅自收集、使用这些数据，就会造成侵权。

AI 视频合成、AI 视频创作的内容，如果没有获得原始视频作者的许可，也会造成侵权。例如，一些 AIGC 应用可以通过 AI 换脸生成新视频，但如果没有获得人物肖像授权、视频内容授权等，就存在侵权问题。

在知识产权保护方面，传统作品往往采用授权使用模式，但这种模式在 AIGC 数字内容的创作中并不是十分适用。一方面，这种模式会使 AIGC 应用研发公司承担高昂的内容授权使用成本。在这种情况下，公司只能通过免费的数据进行模型训练，或者直接放弃 AIGC 领域，不利于 AIGC 的长远发展。

另一方面，授权使用模式难以落地。AI 模型训练需要海量数据，这些数据来源不同、归属不同。要想得到数据的授权许可，公司首先需要将需要授权的数据和免费数据进行分离，再根据不同的版权作品找到对应的著作权人与之协商版权，并支付授权费用。由于需要授权的数据众多，因此以上过程执行起来十分困难。

那么，AIGC 发展过程中的版权风险应如何避免？一方面，可以补充、完善版权内容合理使用的情形。例如，公司对作品的使用不损害著作权人的权益，公司就可以自由使用该作品。如果著作权人明确了该作品的使用群体，那么公司需要遵守其规定。

另一方面，可以搭建完善的作品退出机制。例如，公司在将作品添加到自己的训练数据库之前，可以给予著作权人一定的期限，允许其自由选择是否将自己的作品从数据库中删除。如果著作权人反对将作品添加到数据库中，那么公司需要删除相关作品；如果著作权人不反对将作品添加到数据库中，那么公司可以将其作品用于模型训练。

总之，以上两种方法只是未来的两种可行路径，AIGC 生成内容的知识产权问题仍在讨论之中。只有解决这个问题，AIGC 产业才能够进一步繁荣发展。

3.3.2　安全挑战：存在多方面安全风险

安全挑战是 AIGC 在发展过程中不可回避的重要挑战，主要表现在以下 3 个方面，如图 3-1 所示。

1. 内容本身的安全问题

互联网中的一些内容是虚假的，而随着 AIGC 内容的爆发，内容的虚假问题会更加明显。例如，当下的一些 AIGC 应用虽然能够智能生成内容，但会出现一些明显的错误。因为这些内容源于 AI 的随机联想。AI 模型可以预测用户输入的下一个关联内容，并生成看似有道理但是并不正确的内容。AIGC 在内容方面存在的风险在于，除非用户知道问题的正确答案，否则难以判断内容的正确性。

图 3-1　AIGC 发展中存在的安全挑战

2. 可能会引发违法犯罪行为

对 AIGC 的恶意使用可能会引发诈骗、诽谤等违法犯罪行为。不法分子借助 AIGC 应用，可以更高效率地推出视频、音频、图片等形式多样且难以辨别真伪的虚假信息，开展各种违法犯罪活动。例如，当前，一些不法分子通过 AI 换脸、合成声音等进行诈骗。

3. 用户隐私数据泄露

AI 模型训练的数据来源于互联网，其中包括大量的用户隐私数据，导致用户隐私数据有泄露的风险。当 AIGC 应用遭受攻击或产生"数据中毒"问题时，用户数据就存在泄露的风险。即使是用户主动将自己的数据交给 AI 模型服务提供商，怎样利用现有技术对这些数据进行保护，也是 AI 模型服务提供商面临的一个很大的安全挑战。

针对以上安全挑战，许多科技企业推出了多样的治理措施。例如，在内容安全方面，OpenAI 制定了训练策略，让开发人员对 AI 模型提出各种问题，并对其给出的错误答案进行惩罚、对其给出的正确答案进行奖励，从而控制 AI 模型的回答。

对于视频、声音伪造等问题，一些企业推出了检测工具。腾讯推出的甄别技术——AntiFakes，可以辨别出技术合成的"假脸"，并对真实的人脸进行分析，判断视频是否借用了公众人物形象，以此评估视频的风险等级。

当前，一些应对 AIGC 安全挑战的策略与技术已经实现了应用。未来，随着策略的升级和技术的迭代，企业有望将 AIGC 安全风险扼杀在摇篮中。

第 4 章

市场现状：巨头抢占市场新蓝海

互联网市场逐渐趋于饱和，AIGC 的火热发展开辟了全新的市场。《中国 AI 数字商业产业展望 2021—2025》报告预测，到 2025 年，AI 数字商业内容的市场规模将达到 495 亿元。这引得众多企业纷纷入局，布局动作不断，企图抢占市场新蓝海。

4.1　新赛道崛起：AIGC 风口已被点燃

AIGC 蕴藏着巨大的发展潜力，有利于提升内容创作效率，重塑内容生产方式。许多企业抓住 AIGC 风口迎接挑战，试图开辟全新的发展方向，获得市场竞争力。

4.1.1　资本流入，AIGC 初创公司呈现爆发式增长趋势

ChatGPT 一夜爆火，AIGC 成为投资的热门领域，许多资本纷纷流入，AIGC 初创公司呈现爆发式增长趋势。创业者争相在 AIGC 领域创业，试图抢占新赛道，获得流量红利。下面整理了 3 家具有发展潜力的 AIGC 初创公司。

1. Hugging Face

Hugging Face 是一家创立于 2016 年的 AI 创业公司。起初，公司的发展规模不大，创业者的目标是打造一个为年轻人服务的聊天机器人。

2018 年，谷歌推出了一款预训练模型——BERT，该模型让许多用户开始对机器学习产生兴趣。之后不久，Hugging Face 推出了一款建立在 pytorch 上、名为 pytorch-pretrained-bert 的 BERT 预训练模型。因为这个预训练模型简单易用，所以受到许多用户的喜爱，Hugging Face 也由此获得了进一步发展。

截至 2023 年 2 月，Hugging Face 拥有将近 13.5 万个预训练模型，每天有超过 5 万人下载预训练模型。Hugging Face 获得了许多融资，截至 2022 年 5 月，Hugging Face 顺利完成了 C 轮融资，融资金额为 1 亿美元，这表明资本对其未来发展十分看好。

2. Jasper

Jasper 是一家创立于 2021 年的 AI 公司，Jasper AI 是其主要产品，是一款内容创作工具。用户可以使用 Jasper AI 进行智能创作。Jasper AI 可以满足用户的任意需求，无论是爆炸性的标题，还是优美流畅的文字，都能为用户呈现。

Jasper AI 的另一个功能是利用 AI 进行艺术生成。Jasper AI 会在用户的要求下将文字转换为对应的图片。例如，用户输入文字"红色的桌子"，Jasper AI 便会"画"出一张红色的桌子。

Jasper 公司创立仅 1 年，便拥有超过 7 万个用户，2021 年营业额达 4000 万美元。在融资方面，截至 2022 年 10 月，Jasper 获得了 1.25 亿美元的融资。这笔资金将用于打造核心产品、提升用户体验、实现产品与更多应用程序的融合。

3. Synthesia

Synthesia 是一个于 2017 年启动的视频生成项目。该项目主要是为用户提供一个基于 AI 的智能交互系统，其主创团队成员均来自名牌大学。Synthesia 的主创团队希望"以代码代替摄像头"，在这样的理念下，Synthesia 拥有一个简洁明了的操作界面。

Synthesia 使用起来十分便利，只需要三个步骤：挑选模板—挑选主持人—输入文本，便可以生成一个高质量视频。Synthesia 还为用户提供了丰富的自定义选项，用户拥有充分的选择空间。Synthesia 拥有 25 个以上不同场景的模板，还提供多种语言、多个外貌不同的主持人供用户选择。

Synthesia 最重要的功能是"形象自定义"。用户可以在 Synthesia 中输入自己的特征，并生成自己的形象，然后用户就可以以自己的形象生成各类视频。Synthesia 的诞生，降低了用户视频创作的门槛，节约了视频创作的成本。

Synthesia 受到广大用户的欢迎，吸引了许多志同道合的投资人。2021 年年底，Synthesia 完成了 B 轮融资，资金用于人脸合成技术及项目的开发。此轮融资结束后，Synthesia 的融资总额达 5000 万美元。

AIGC 的发展带来了许多创业机会，创业公司的涌现也为用户带来了新产品，为 AIGC 的发展增添了新动能。

4.1.2　宣布布局，多只概念股涨停

AIGC 的热度表现在多个方面，如初创公司的涌入、投资机构的入局和概念股的涨停等。其中，AI 板块的股票呈现持续上涨的趋势，许多公司宣布入局 AIGC 领域，多只概念股涨停。

例如，2023 年 2 月 2 日，AI 板块异常活跃，同花顺 App 上的数据显示，AIGC 概念指数收涨 0.58%，AI 概念指数收涨 0.49%。值得注意的是，截至 2023 年 2 月 2 日，AI 与 AIGC 相关概念股已经连涨超过半个月，同为股份、视觉中国等多个与 AI 相关的概念股连日飞涨，显示出强大的潜力。

AIGC 的巨大发展空间，引得许多企业纷纷加码 AIGC 相关业务：昆仑万维在 StarX MusicX Lab 音乐实验室上线 AI 创作的歌曲；中文在线研究 AIGC 应用，成功推出 AI 主播、AI 绘画和 AI 辅助创作等功能；微软宣布将与 OpenAI 深入合作，并追加超过 10 亿美元的投资，为 AI 领域的发展贡献力量，实现 OpenAI 工具商业化；谷歌围绕 AI 进行全面布局；百度计划推出类似 ChatGPT 的 AI 工具。

除了很多企业深耕 AIGC 领域，资本市场对于 AIGC 也持乐观态度。东吴证券认为，在市场空间方面，AIGC 的渗透率将逐步提升，应用规模也会相应增加，市场规模将在 2030 年超过万亿元；赛迪顾问认为，到 2030 年，NLP 的市场规模将超过 2000 亿元；太平洋证券认为，AIGC 将会在各行各业落地，作为数字内容发展的新引擎，为数字经济发展注入新动能。

浙商证券表示，头部企业积极加入 AIGC 领域，有利于推动所处行业与 AIGC 的融合进度；开源证券表示，头部企业的加入、现有技术的发展，有利于拓展 AI 的应用场景，加速 AI 商业化落地；方正证券表示，AI 技术的发展能够使 AI 技术

提供商受益。

目前，AIGC 已经在传媒、电商等数字化程度高的领域率先发展起来。未来，AIGC 将会实现全面开花，塑造数字内容生产与交互的新模式，为互联网内容生产做好底层建构。

4.2 科技巨头布局 AIGC 已成趋势

AIGC 打开了 AI 通往新世界的大门，能够带来巨大的经济收益。面对如此巨大的市场，科技巨头纷纷行动：阿里巴巴推出了自研 AI 大模型，并持续探索 AIGC 应用；百度以虚拟数字人发力，全栈布局 AI 技术；字节跳动专注于 AI 视频生成领域，探索全新发展空间；微软通过投资布局，提升自身 AIGC 实力；谷歌推出多种 AIGC 产品，试图抢占更多市场份额。

4.2.1 阿里巴巴：大模型研发+AIGC 应用

2023 年年初，阿里巴巴还在内测中的、由阿里巴巴达摩院研发的类似 ChatGPT 产品被提前曝光。该产品不仅可以完成纯文本任务，还融合了多模态任务能力，可以实现智能问答、文案生成、代码生成、AI 绘画等功能，可以说功能十分强大。能取得这样的效果，离不开阿里巴巴通义大模型的支持。

通义大模型是阿里巴巴达摩院发布的 AI 大模型，具备完成多种任务的"大一统"能力。"大一统"能力主要表现在以下 3 个方面。

（1）架构统一：使用 Transformer 架构，统一进行预训练，可以应对多种任务，不需要增加特定的模型层。

（2）模态统一：不论是自然语言处理、计算机视觉等单模态任务，还是图文多模态任务，都采用同样的架构和训练思路。

（3）任务统一：将全部单模态、多模态任务统一通过序列到序列生成的方式表达，实现任务输入的统一。

目前，通义大模型已经在 AI 辅助设计、医疗文本理解、人机对话等 200 多个场景中实现应用，大大提高了任务完成效率。

除通义大模型外，阿里巴巴在 AIGC 应用方面已经进行了诸多探索。以阿里巴巴旗下大数据营销平台阿里妈妈为例，其在智能营销方案的设计中早已融入了 AIGC 技术。

在电商平台广告投放的过程中，商品的创意图是商品触达消费者的重要媒介。优质的创意图可以更加简洁、精准地展示商品。但是对于商家来说，制作创意图并不是一件轻松的事情。每一款商品的创意图，商家都需要耗费时间和精力进行设计创作，同时还要考虑创意图的尺寸，根据活动进行更新，等等。这为商家带来了不小的压力。

为了帮助商家解决这一问题，阿里妈妈推出了可以智能生成创意图的图文创意制作系统。阿里妈妈将创意图拆解成底图、创意布局、文案渲染属性等诸多元素，并通过 AI 模型实现这些元素的自动生成。同时，系统可以根据底图特点，生成不同的布局、文案样式等，使生成结果更加多样化。在具体操作方面，只需要商家输入商品素材，系统便能够自动生成美观、多样的创意图。

此外，阿里妈妈还推出了 ACE 智能剪辑系统，赋能淘宝直播。基于先进的 AI 技术，该系统具备超强的行业剧本个性化智能剪辑能力，可以为商家提供具有行业针对性的高质量直播剧本。

首先，该系统可以通过对直播数据的分析，梳理不同行业对成交有利的内容标签，并据此对直播剧本进行智能剪辑和优化，形成具有行业特色的个性化剧本，以此提升直播转化的效果。其次，该系统能够根据视频内容提炼出吸引消费者的标签，并将标签展示在直播界面中，便于消费者自由观看直播片段，进行高效决策。最后，该系统还会根据行业投放数据、标签内容等对直播剧本效果进行分析，并智能优化剧本，直到实现稳定的直播投放效果。

在这一系统的智能助力下，不少商家，如珀莱雅、森马等都实现了直播效果的提升，商品转化率有了大大的提高。

未来，在阿里巴巴达摩院、阿里妈妈等平台的持续探索下，阿里巴巴在 AIGC 领域将实现稳定发展，赋能更多客户。

4.2.2 百度：全栈布局 AI 技术，以 AI 虚拟数字人发力

百度作为国内人工智能领域的领先企业，进行了具有前瞻性的谋篇布局，很早就在 AIGC 领域发力，不仅全栈布局 AI 技术，还持续在 AI 虚拟数字人领域深耕。

进入 AI 时代后，百度对 IT 技术的技术栈进行了改动，将由芯片层、操作系统层和应用层构成的 3 层技术栈升级为由芯片层、框架层、模型层和应用层构成的 4 层技术栈。百度是少见的、全栈布局 AI 的公司，在各个层面都有关键性自研技术。

为了实现端到端的优化，百度还具有反馈功能，每一层反馈都能得到回应。此外，百度还推出了国内首个全栈自研的 AI 基础设施——"AI 大底座"，全方位整合百度 AI 的优势，为各行各业提供强大的智能算力。

在 AI 虚拟数字人方面，百度推出的数字人平台——曦灵，能够打造面向各种行业的 AI 虚拟数字人。截至 2023 年 2 月，百度已经打造了几十位 AI 虚拟数字人，应用于金融、传媒、影视等行业。

在金融行业，曦灵为浦发银行打造了数字员工"小浦"。小浦是一名"理财专员"，每个月为超过 46 万个用户提供服务，降低了浦发银行的人工成本，提高了服务效率。

在传媒行业，曦灵为央视新闻打造 AI 手语主播，为超过 2000 万个听障人士

提供服务。百度还与《中国日报》联手打造数字员工"元曦"，为中国文化的传播做出贡献。

在文博行业，云曦与中国文物交流中心联合推出文博虚拟宣推官"文天天"（如图 4-1 所示）；与国家大剧院联手打造虚拟员工"Art 鹅"。这些虚拟数字人为用户提供文化讲解、线路导航等服务，不仅传播了传统文化，还提升了文博单位的运营效率。

图 4-1　文博虚拟宣推官"文天天"

在影视行业，云曦为综艺节目《元音大冒险》提供全套数字人技术支持，运用虚实结合、实时驱动等技术吸引观众的目光，增强了节目看点，提升了节目制作效率，降低了内容生产成本，开辟了虚拟数字人在影视行业的发展空间。

未来，百度将持续深耕 AI 行业，充分发挥其在科技创新中的领头作用，促进 AI 虚拟数字人广泛落地，为 AIGC 乃至 AI 行业的全面发展做出贡献。

4.2.3　字节跳动：发力 AI 视频生成

随着技术的发展，AI 落地应用逐渐增多，涉及领域更加广泛，为企业带来了更多发展空间。字节跳动专注视频领域，利用 AI 生成视频。

字节跳动在剪映 App 中搭载了 AI 视频生成系统，该系统有三大功能：视频自动剪辑、视频属性编辑和文字生成视频。视频自动剪辑大多应用于直播领域，能够截取主播的有趣片段并发布；视频属性编辑可以对视频属性进行调整，包括视频分辨率、帧率等；文字生成视频指的是剪映 App 可以根据用户输入的关键词或一段话自动生成对应视频，还可以自动匹配视频素材，为用户节约寻找素材的时间。

字节跳动于 2016 年创建了人工智能实验室，致力于开发为内容平台服务的创新技术。随着 ChatGPT 的爆火，人工智能实验室将目光转向类似 ChatGPT 和 AIGC 相关应用的研发。

字节跳动与众多企业展开合作，例如，与吉宏股份双向合作，将自主研发的 AIGC 技术运用到跨境电商的各个环节中；与天龙集团展开合作，让其代理自身旗下 App 的互联网广告销售业务。

字节跳动以其擅长的领域为布局点持续发力，深入探索 AI 视频生成领域，为用户带来更多的新鲜事物。

4.2.4 微软：以投资布局，积聚 AIGC 实力

微软是一家国际知名的科技公司，具有独到的战略眼光，对 OpenAI 投资，提前布局人工智能领域，积聚 AIGC 实力。

OpenAI 是一家创立于 2015 年的公司，最初定位是非营利性研究机构。2018年，OpenAI 发布第一代生成式预训练语言模型 GPT-1。2019 年，OpenAI 变为营利性机构，发布第二代生成式预训练语言模型 GPT-2。2022 年 2 月，OpenAI 发布 InstructGPT 模型。2022 年 11 月，OpenAI 发布 ChatGPT。

OpenAI 发布的 ChatGPT 获得了广大用户的喜爱，仅仅 5 天，用户便突破百

万。虽然 OpenAI 在 2022 年末才显示出其强大的实力，但早在 2019 年，微软便与 OPenAI 展开合作，实现资源互补。OpenAI 是微软在 AI 领域较为重要的投资，微软是 OpenAI 重要的合作伙伴和早期战略投资者，二者相辅相成，共同发展。

在资金方面，2019 年，微软向 OpenAI 投资 10 亿美元；2021 年，微软向 OpenAI 追加了一笔投资；2023 年，微软宣布将深化与 OpenAI 的合作，对其进行巨额投资。

在计算资源方面，微软为 OpenAI 提供"超级计算系统"，助力其研发人工智能产品，而 OpenAI 为微软提供强大的 AI 支持，双方实现合作共赢。

在应用开发方面，微软宣布将 ChatGPT 与旗下所有产品全线整合，加强与 OpenAI 的合作。

在一系列布局下，微软在 AIGC 领域积聚了强大的实力。AIGC 作为下一轮科技革命的开端，将会帮助多个领域的企业实现降本增效。而微软的提前布局，足以使其在激烈的市场竞争中占领一席之地。

4.2.5　谷歌：推出多种 AIGC 产品

与其他企业专注于一个领域不同，谷歌全面布局 AIGC，推出多种产品，满足不同用户的需求。例如，谷歌推出了 AI 写作协助工具 LaMDA Wordcraft、文本转图像 AI 模型 Imagen 和 AI 音乐生成工具 MusicLM。

AI 写作协助工具 LaMDA Wordcraft 实现了技术突破，可以帮助用户续写小说。当用户遇到写作瓶颈时，可以借助 LaMDA Wordcraft 进行创作。LaMDA Wordcraft 的工作原理是根据给定的词汇，按照语言逻辑将可能出现的词汇补充在后面，实现内容创作。

由于 LaMDA Wordcraft 经过了海量数据训练，因此其可以运用更多的高级词汇，提升文章的优美程度。例如，形容高兴，用户可能会用"这个人很开心"来描述，但是 LaMDA Wordcraft 会从自己的数据库搜索，弹出许多形容高兴的优美词汇，以供用户选择。

文本转图像 AI 模型 Imagen 可以根据用户输入的文字生成对应的图片。Imagen 的工作原理是对用户输入的文字进行分析并进行编码，然后将编码的文本转化为图像，再进一步利用扩散模型对图像进行采样，使图像继续增长并得以形成。借助变压器与图像扩散模型，Imagen 生成的图片更具真实感。但是 Imagen 也存在一些隐患，如 Imagen 主要通过网上的数据进行训练，可能会生成一些引发争议的图片。

AI 音乐生成工具 MusicLM 是谷歌在音乐领域的一次探索。用户只需输入文字或者图像，MusicLM 便可自动生成音乐，并且曲风多样。虽然之前也有过 AI 生成音乐的软件，但是它们能够实现的音乐创作相对简单。MusicLM 能够创作出复杂的歌曲，还可以通过图像生成音乐，实现了技术突破。

AI 创作音乐并不容易，因为生成的音乐会受到多种因素的干扰，因此早期合成音频的合成痕迹较为明显。只有通过海量的数据训练，才有可能生成相对逼真的音频。针对这些难点，MusicLM 利用庞大的数据进行训练，能够理解富有深度的音乐场景。

借助 AI 写作助手、AI 生成图片、AI 生成音乐，谷歌实现了全方面的 AIGC 产品布局，为其 AIGC 产业生态的形成奠定了基础。

4.3 商业化落地加速，AIGC 服务已经出现

AIGC 在多个领域的发展为其商业化落地提供了助力，AI 写作助手、AI 绘画、AI 生成视频、AI 生成图片等应用的涌现表明 AIGC 服务已经出现，AI 技术变现成为现实。

4.3.1 AIGC 云算力解决方案实现多种创作

AIGC 可以帮助用户高效地进行内容生产。2022 年，AIGC 实现了爆发式增长，AIGC 时代已然到来。

当今时代，用户对于内容的需求一再提高，AI 不仅可以用于算法推荐，还可以用于内容创作，帮助企业批量创作内容，提高市场竞争力。企业需要借助云计算、AI 等技术解决自身问题，立足于当前的科技时代。

为了满足用户的需求，首都在线①提出了云算力解决方案。该解决方案可以应用于多个业务场景，为 AIGC 场景提供云端算力基础设施，提高 AI 生成内容的效率，增强用户的体验。

AIGC 应用有两个特点：一是 AIGC 主要提供体验性服务，能够通过云端服务完成内容生成而不依赖终端设备；二是衡量 AIGC 应用体验的指标主要是效率，其他指标高度依赖于 AI 模型与算力。

首都在线对应用特征及用户需求场景进行分析后，提供了云算力解决方案。首都在线自主研发了管理芯片和配套管理系统，提高了边缘云节点的工作效率，还搭建了面向 AIGC 的公有云平台，为 AIGC 应用提供算力、算法支持。

首都在线提出的云算力解决方案能够应用于多个 AIGC 场景，为 AIGC 商业化提供助力，提高了用户的体验感。

4.3.2 AIGC 算法与模型实现开源创作

AIGC 作为 AI 快速发展的产物，能够重塑内容生产方式，推动人类生产关系

---

① 首都在线指的是北京首都在线科技股份有限公司。

变革。AIGC 呈现出火热发展的态势，互联网行业中的一些企业纷纷进入 AIGC 赛道，试图抢先布局，占领发展制高点。例如，昆仑万维[①]发布了全系列 AIGC 算法与模型"昆仑天工"，并宣布开源。

昆仑万维是一家创立于 2008 年的游戏公司，在发展过程中，其逐步转变为综合性的互联网公司。昆仑万维的业务范围广泛，以为全球用户提供社交、娱乐等信息化服务为主要目标。截至 2022 年上半年，昆仑万维全球平均月活跃用户接近 4 亿。

昆仑万维在 AIGC 领域早有布局，其布局历程如图 4-2 所示。

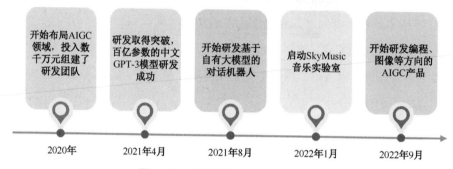

图 4-2　昆仑万维 AIGC 布局历程

2022 年 12 月，昆仑万维发布了 AIGC 算法与模型"昆仑天工"。昆仑天工旗下包含四款模型，分别是天工巧绘 SkyPaint、天工乐府 SkyMusic、天工妙笔 SkyText 和天工智码 SkyCode。昆仑天工覆盖了多个模态，包括图像、音乐、文本、编程等，具有强大的内容生成能力。例如，天工巧绘 SkyPaint 生成的绘画作品《在太空骑马的宇航员》如图 4-3 所示。昆仑万维在 AIGC 领域的布局较为全面，是国内第一家致力于实现 AIGC 算法与模型开源的公司。

昆仑天工能够促进昆仑万维业务的多元化，不断提高各个板块的内容生成能力，转换内部业务发展的动能。昆仑天工的愿景十分伟大，不仅致力于提高自身定制化 AI 内容生成的能力，还希望提高用户的活跃度，帮助企业降本增效。

---

① 昆仑万维指的是昆仑万维科技股份有限公司。

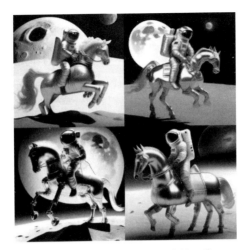

图4-3　《在太空骑马的宇航员》

虽然开源是 AIGC 技术发展的必然结果，但仍旧有许多企业采取 API 付费方式，无法像昆仑万维那样实现全面开源。有的企业认为，一旦实现软件开源，可能会影响初期的盈利。

昆仑万维表示，选择开源是因为他们认为开源能够改善 AIGC 生态，实现 AIGC 模型与算法的创新，还能够降低 AIGC 技术的使用、学习门槛，推动 AIGC 技术大力发展。同时，软件开源是大势所趋，开源的软件能够实现快速迭代，保证安全性。借助开源，昆仑万维可以拓展全球市场，实现用户快速增长，为 AI 应用生态的繁荣做出贡献。

AIGC 现在处于发展阶段，还没有建立完善的行业标准。因此，企业可以提早布局，以实现算法与模型的开源来抢占先机。

4.3.3　3D 视频内容 AIGC 引擎服务获得发展

2023 年，3D 视频内容 AIGC 引擎服务商深氧科技[①]对外宣布完成千万元天使

---

① 深氧科技指的是北京深氧科技有限公司。

轮融资，资金将用于产品迭代、市场拓展、扩大技术团队等方面。

深氧科技是一家成立于 2022 年的初创公司，致力于通过移动终端、网页端，让零基础的用户能够使用 AI 驱动的新一代云原生 3D 内容创作工具轻松地进行内容创作，并且能够直接输出视频并发布到主流平台，十分便捷。

2023 年 2 月，深氧科技发布了 1.0 版本的 O3.xyz 引擎，并确定了产品的最终形态。用户只需要输入文字，便可以获取自己想要的视频内容。该引擎搭载了 Director GPT 模型，用户可以实现对 3D 资产的调用、编辑，从而获取 3D 视频。

深氧科技认为，在 3D 视频创作领域引入 AI 技术，可以有效降低 3D 工具的使用门槛，为用户带来便利，每个用户都可以自由、轻松地创作 3D 内容。行业现有的生成工具只能够生成 3D 模型，而 O3.xyz 引擎能够直达产品的最终形态，生成 3D 原生视频文件。

深氧科技创始团队的成员均来自知名高校或知名公司，具有专业技术、行业相关经验和敏锐的市场洞察力。团队核心成员曾参与过多款产品开发与头部 IP 创作，能够将前沿技术与商业化设计巧妙结合。

在技术路线选择方面，深氧科技偏向与其技术路线相匹配的轻量化场景。为了帮助更多的用户，降低用户的使用门槛，深氧科技为 O3.xyz 引擎设计了 3 个后端训练模型，并舍弃了复杂的编辑与定制。同时，深氧科技还引入了自动建模与自动交互的算法，简化了视频制作流程。

深氧科技表示，他们之所以选择深耕短视频领域，是因为这个领域具有成熟的盈利模式。他们设计的 O3.xyz 引擎可以简化用户的创作流程，为用户带来便利，开拓一个具有增长潜力的创作空间，并在多个平台实现快速变现。

借助 AI 生成 3D 视频还没有大规模商业化的案例，深氧科技研发的 O3.xyz 引擎能够解决算力资源合理分配的问题，为大规模商业化提供助力。深氧科技认为，大量算法与数据能够提高 AIGC 能力，因为大量数据能够提高算法的精准度，精准的算法能够吸引更多的用户，更多的用户能够产生更多的数据，形成正向循环。

　　自 O3.xyz 引擎投入使用以来，获得了许多用户的关注。抖音短视频用户曾表示使用 O3.xyz 引擎后，制作效率得到了提高。相比于以前一周输出一条视频的速度，现在能够一分钟输出一条样片，一周可以产生几十条样片。样片数量繁多可以增加用户的选择空间，从而输出更多的优质内容。O3.xyz 引擎节省了场景布局的时间，用户有充足的时间输出创意。

　　生成式 AI 在全球范围内掀起热潮，AI 生成图片、AI 生成视频等应用丰富了 AI 的使用场景。AIGC 为 AI 应用大规模落地提供了可能性，降低了用户的创作门槛，用户能够输出更丰富、优质的内容。

第 5 章

AIGC+传媒：人机协同，赋能媒体创作

随着 AIGC 应用领域的不断拓展，AIGC 逐渐在传媒领域彰显出自己独特的优势，帮助传媒领域更好地优化内容供给流程，激发内容创意，带给新时代用户全新的内容阅读体验。同时，AIGC 还帮助传媒领域重新构建了数字营销模式，极大地提升了媒体的内容创作质量和创作效率。

5.1　AIGC 渗透传媒多环节

如今，AIGC 逐渐渗透传媒领域的多个环节，包括采编、传播、互动等，逐渐实现了新闻内容自动生成、虚拟主播自动播报、机器人实时互动。AIGC 在传媒领域的应用展现了人工智能的核心优势，进一步推动了媒体工作的智能化、自动化升级。

5.1.1　采编：语音识别转文字工具+新闻内容生成工具+视频剪辑工具

AIGC 在传媒领域已经得到了广泛的应用。语音识别转文字工具、新闻内容生成工具、视频剪辑工具等已经成为采编环节的必备工具。

1. 语音识别转文字工具

面对采访中产生的大量语音或者视频素材，采编记者往往需要通过反复回看来核查信息，从众多素材中去粗取精，提炼新闻线索和文章创作灵感。为了提升素材筛选、文章创作的效率，语音识别转文字工具应运而生。这一工具的实时转写功能能够自动识别录音或者视频中的语音信息，将语音信息自动转换成文字。同时，语音识别转文字工具能够一键将转换出来的文字信息植入采编系统。

在采访的过程中，一部具有语音识别转文字功能的智能手机便可充当 AI 录音笔、AI 记事本等工具，从而帮助采编记者提升编稿效率。此外，语音识别转文字工具能够支持大型语音和视频文件在分秒内快速转写。语音识别转文字工具针对各种实际采编场景推出口语表达智能过滤、视频唱词智能分离、SRT 字幕导出以及采访角色智能分离等功能，大幅提升了采编素材收集和整理的效率。

2. 新闻内容生成工具

为了更快地将资讯传播出去，今日头条推出一款能够自动生成新闻内容的软件，名为"今日头条自动生成原创软件"。该款软件能够根据用户实时输入的内容要点和关键字自动生成原创新闻内容，并具备语音识别、文章标题生成、文章内容生成、文章定位标签、关键字匹配及图片批量上传等功能。

同时，该款软件还具备强大的数据采集分析能力，能够根据用户所在地区、所在行业和浏览行为偏好和习惯进行针对性的分析和预测。该款软件能够帮助新闻编辑快速、准确地采集、整理和分析信息，使内容更加健全、系统。今日头条自动生成原创软件是一款简单、易用的内容生成工具，其节省了采编环节大量的人力成本，极大地提升了采编的效率和质量。

3. 视频剪辑工具

随着短视频的火热发展，人们对视频剪辑的需求越来越高，催生了一些视频剪辑工具。例如，剪映是一个较为火爆的视频剪辑工具，具有视频裁剪、视频叠化、视频运镜、视频文字编辑等多种功能，并包括视频特效、视频边框、视频贴纸等多种素材。同时，剪映还能够自动识别视频语音，一键为视频添加字幕。用户无须掌握专业的视频剪辑技术，便能够通过剪映使视频呈现出"大片"的效果。

再如，喵影工厂是一款在国内外广受欢迎的视频剪辑工具。喵影工厂不仅有电脑端，还有手机端，支持视频倒放、视频的 100 轨剪辑、视频多种比例缩放、视频无级变速、视频降噪等。喵影工厂的多种转场效果和画中画功能能够为视频增添创意和美感。喵影工厂生成的视频不仅支持 GIF 格式，还支持 4K 格式，可以满足视频创作者对视频格式的不同需求。

AIGC 不仅帮助采编环节节省了大量新闻采集、编辑的流程和时间，还大幅提升了新闻编辑的效率和质量，推动采编环节向智能采编快速迈进。

5.1.2　传播：虚拟主播自动播报

AIGC 推动传播环节实现自动播报，使传播范围更加广泛，传播场景更加丰富，传播形式更加多样。

AIGC 在传播环节中的应用主要聚焦在以虚拟主播为主体的新闻播报方面。虚拟主播开创了新闻传播领域人物动画与实时语音合成的先河，新闻编辑只需要将需要播报的文本内容输入计算机，计算机便能够自主生成相对应的虚拟主播播报的视频，并确保虚拟主播的表情和嘴型与视频中的音频保持一致，展现出与真实主持人播报相同的新闻传播效果。以下是虚拟主播在新闻传播环节中的主要应用价值，如图 5-1 所示。

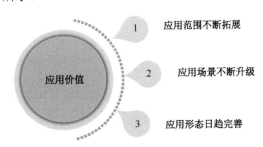

图 5-1　虚拟主播在新闻传播环节的主要应用价值

1.　应用范围不断拓展

以新华社、东方卫视为代表的多家重量级媒体开始探索虚拟主播在新闻传播环节的应用，并逐渐向天气预报、现场记者采访、晚会主持等领域不断拓展。

2.　应用场景不断升级

除了主持播报的常规形式，虚拟主播还支持多语种播报和手语播报。2022 年北京冬季奥运会期间，以腾讯、百度为代表的诸多大型企业陆续推出手语播报虚拟主播，为广大听障观众提供手语解说服务，给听障观众带来无障碍的体育赛事观看体验。

3. 应用形态日趋完善

如今，虚拟主播的形象逐渐从 2D 向 3D 转化，驱动范围从口型向表情、动作、背景内容等延伸，内容构建从支持 SaaS 化平台工具构建向智能化生产拓展。例如，腾讯打造的 3D 手语虚拟主播"聆语"支撑了腾讯直播中众多手语解说的环节。"聆语"能够生成唇动、眨眼、微笑等细微内容，与其相配套的可视化动作编辑平台支持人工对"聆语"的手语动作进行微调，使其手语动作更加规范，给观众呈现更好的解说效果。

虚拟主播在新闻播报领域中的应用丰富了新闻播报的形式，打造了更加生动、新颖的视觉观看体验，给观众带来前所未有的新闻观感。

5.1.3　互动：实现与观众的互动

网络视频一直以来都以"内容为王"为着力点吸引用户、留存用户。随着技术的发展和进步，如何利用技术优势形成传媒产品新生态，对视频网站来说既是挑战，也是机遇。

随着时代的进步和视频内容的蓬勃发展，观众需求更加多样化，观众对于视频的需求不再满足于内容的趣味性、完备度，而是想与视频内容进行实时互动。基于此，爱奇艺开始发展"AI+视频"，推出"奇观"AI 识别功能。

"奇观"AI 识别是在观众需求的驱动下诞生的。爱奇艺在分析观众的弹幕内容时，发现很多观众会在弹幕上提出与视频内容相关的问题，如"这位男演员是谁？""这个片段的 BGM（背景音乐）是什么？"。于是，爱奇艺推出了"奇观"AI 识别功能，相较于传统的弹幕互动模式，"奇观"AI 识别能够自主识别视频中包含的信息，为观众主动提供更加精准的回答，从而节省了观众在眼花缭乱的互动弹幕中求解答案的时间和精力。

"奇观"AI识别从模型学习过程入手进行信息整合，然后由算法选择在具体应用场景中起决定性作用的模态，通过加强各标签之间的连接和多模态技术的融合，实现精准识别。从顶层设计的角度看，多模态技术能够应用于多个功能模块。例如，在人脸识别方面，多模态技术能够解析妆容的具体细节、检测服饰信息等。

"奇观"AI识别利用无标签数据人脸识别的算法模型，使其积累的数据集分类更清晰，数据有效性更高，正是这些丰富且精准的数据支撑着"奇观"AI识别功能平稳运行。以下是"奇观"AI识别的具体功能，如图5-2所示。

图5-2 "奇观"AI识别的具体功能

1. 人物信息识别

在人物信息识别的过程中，当"奇观"AI识别能够充分捕捉到人脸信息时，其便能够对人脸直接进行检测和识别。当画面中没有充分的人脸信息时，"奇观"AI识别能够通过对人物外形特征，如服饰、发型、神情、姿态等进行检测和识别判别人物身份。当以上信息都难以获取时，"奇观"AI识别能够根据人物声音信息，对人物进行声纹识别。

在识别动画中的人物信息时，"奇观"AI识别不仅需要进行大量的数据清洗和数据标注工作，而且需要对数据训练模型进行针对性的优化处理，以解决数据类间、类内分布的问题，提高动画人物识别的准确性。

有了"奇观"AI识别，观众在观看影视作品时，可以实时了解画面中演员的基本信息，包括个人简介、演艺经历、相关人物信息和相关作品等，如果观众在相关作品中找到自己感兴趣的作品，并且爱奇艺有该作品的片源，观众可以直接通过作品链接跳转到该片源。

观众在观看影视剧时还可以进入影视剧"泡泡圈"参与话题讨论，在话题讨论中寻找有趣的"灵魂"。同时，观众还能了解画面中人物的服饰、配饰等商品信息，甚至可以直接从视频画面跳转到商品购买链接。

2. 剧情信息识别

在观看影视剧时，观众能够通过"奇观"AI 识别获取角色之间的关系，快速了解影视剧中各个角色的关键信息和他们之间的关系脉络。在追剧时，观众能够实时了解台词中暗藏的玄机，并获取台词中的关键信息。

同时，观众还可以了解到视频中的配乐信息，包括歌曲的名称、演唱者、相关视频等。当用户点击音乐链接时，爱奇艺将自动跳转到酷狗、网易云等音乐播放软件。

3. 物品信息识别

当视频画面中涉及观众可能感兴趣的服饰、配饰或者妆容时，"奇观"AI 识别会自动推出同款或者相似款商品的链接。在相似款商品推荐上，"奇观"AI 识别能够为每个相似商品标注相似度。当观众通过视频中的商品链接跳转到电商平台购物界面时，界面上会有广告的标识。

"奇观"AI 识别是 AIGC 在网络视频领域内的典型应用，它的成功得益于爱奇艺先进的 AI 技术和优秀的算法。"奇观"AI 识别不仅为观众带来了新颖的视频交互体验，还增强了观众、平台、内容、广告之间的有效联动。"奇观"AI 识别在为观众提供个性化服务的同时，大幅提升了视频网站的运营效率。

5.2　AIGC 传媒的优势

　　无论从内容生成效率还是内容生成美感上说，AIGC 都具备更强大的内容生成优势。如今，AIGC 已经拓展到不同的媒体内容生成领域，极大地满足了媒体对于内容生成的多样化需求。

5.2.1　三大前沿能力赋能内容创作

　　AIGC 作为新一轮内容生产力变革的起点，不仅优化了传媒领域的工作流程，还实现了高品质内容的持续供给。AIGC 逐渐成为传媒领域发展的加速器。

　　随着 AIGC 的发展和进步，AI 技术在传媒领域的地位越来越重要。文字生成图片、热点新闻一键生成、声情并茂的虚拟主播是 AIGC 在传媒领域内应用的主要体现。随着深度学习模型不断升级、训练模型不断完善，AIGC 在传媒领域的应用价值越来越广泛。

　　AIGC 降低了内容创作门槛，释放了内容创作能力。在前沿技术的驱动下，AIGC 主要通过三大前沿能力赋能内容创作，如图 5-3 所示。

图 5-3　AIGC 的三大前沿能力

1. 智能数字内容孪生

相较于传统的数字内容生成，智能数字内容孪生能够进一步挖掘数据中的可用信息，并在深入理解和分析数据的基础上，完成一系列精准、高效的智能数字内容孪生任务。智能数字内容孪生可以分为智能转译技术和智能增强技术两个分支。

2. 智能数字内容编辑

在智能数字内容孪生的基础上，智能数字内容编辑通过属性控制和语义理解两项技术实现对数字内容的控制和修改。智能数字内容编辑构建了现实世界与虚拟数字世界之间的交互通道，数字人技术就是智能数字内容编辑的典型落地应用。

3. 智能数字内容创作

智能数字内容创作能够精准、快速地将现实世界中的内容投射到虚拟世界中，并通过仿真、控制等方法，为现实世界提供正向的信息反馈和帮助。按照实际应用形态和技术发展进程，智能数字内容创作可以分为两个方面，分别是基于概念的创作和基于模仿的创作。

未来，随着 AIGC 传媒不断发展和迭代，其智能数字内容孪生、智能数字内容编辑、智能数字内容创作三大前沿能力将持续增强。届时，传媒领域的内容创作形式将从"以辅助内容生成"转变为"内容自主生成"。

5.2.2　媒介转变，提升数字内容的感官体验

在 AIGC 的加持下，传媒领域的媒介逐渐发生了转变，主要体现在从文字、图片向短视频转变。AIGC 极大地提升了数字内容的感官体验，给内容创作带来了颠覆性变革。

AIGC 以其多样性、可控性、组合性和真实性的特征，为传媒领域提供更加

多元、动态、丰富的交互内容。AIGC 为传媒领域提供了新的内容生成工具，使原本平面、抽象的文章立体化、具象化。AIGC 通过打造虚拟记者和主持人，使采编和主持工作具备更高的趣味性和交互性。AIGC 还被广泛应用于虚拟采编现场和背景的构建，与 VR（虚拟现实）、AR（增强现实）等技术相结合打造多感官交互的沉浸式采编体验。

AIGC 作为新型内容生产方式，全面赋能媒体内容的创作和生成。在 AIGC 的发展过程中，采访虚拟助手、写稿机器人、智能虚拟主播、视频字幕生成、视频集锦等相关应用不断涌现，并渗透于采编、传播等多个环节中，极大地改变了传统内容生产方式的视觉观感，使传媒领域的内容更加丰富且具备更强的吸引力。

以影谱科技[①]为例，影谱科技以智能视觉内容生成更新传统视觉内容生成流程，实现视觉内容的智能化、规模化和标准化生成。影谱科技的 AIGC 引擎可以在短时间内生成一段独具特色的视频内容，同时还可以对已经拍摄好的视频进行编辑和重构。例如，自动锁定关键帧并根据关键帧的内容生成与视频相吻合的内容，最后智能化生成一段 AI 视觉内容。

此外，影谱科技还推出了一款 AI 数字孪生引擎——ADT。ADT 是生成式 AI 技术在 AIGC 浪潮下深入发展的多模态内容生成引擎。ADT 运用成熟的 AI 算法、3D 建模和重建、数字仿生交互等技术和工程化能力，创建具有空间感的高维度信息，构建起元宇宙世界与现实世界虚实结合的桥梁。ADT 加快实现内容的可视化交互，为内容增添了更加强烈的视觉观感。

ADT 通过多模态的复杂场景创建，实现了内容创作与多场景的融合，极大地丰富了媒体内容的视觉效果。ADT 已经成为传媒领域提升内容视觉观感的重要 AI 基础设施。

---

① 影谱科技指的是北京影谱科技股份有限公司。

5.3 AIGC 重构传媒领域数字营销

AIGC 的发展和演进给内容生产方式带来了新的变革。在数字经济不断发展的浪潮下，AIGC 与营销环节的融合进一步加快，助力传媒领域实现精准化的数字营销。

5.3.1 AIGC+数字营销：激发内容创意

AIGC 为传媒领域的内容创作提供了丰富的创意。传媒领域在 AIGC 的助力下，加快了数字营销转型的步伐，极大地提升了内容创作的价值和效益。

例如，万兴科技[①]推出了 AIGC 绘画软件——万兴爱画。该款软件具有 AI 简笔画、AI 文字绘画和 AI 以图绘图三种绘画模式。该款软件在业界率先推出"AI 简笔画"功能，成为国内首款交互型"图生图"AI 绘画软件。此外，万兴科技结合 AIGC 技术推出"真人"短视频营销"神器"，帮助传媒企业低成本、低门槛、高效率地生成营销短视频。

万兴科技在视频创作领域大力投入 AIGC 技术。万兴科技组建百人技术团队，压强式投入文字生成图像、文字生成视频、虚拟人、视频 AR 等先进技术，构建数字创意产品生态体系。万兴喵影、万兴录演、Wondershare Filmora 都是万兴科技在 AIGC 视频创作领域推出的应用。

其中，万兴录演实现了 AI 美颜、AI 变声、AI 人像识别、AI 智能降噪、虚拟人视频及智能生成字幕等功能。在使用万兴录演时，用户无须购置专业的虚拟人

---

① 万兴科技指的是万兴科技集团股份有限公司。

动作捕捉硬件设备，借助计算机摄像头，就能够实时生成虚拟形象，并通过虚拟形象录制视频。

在绘图创意领域，万兴科技推出了亿图脑图协同版。在使用该款软件时，用户只需要输入营销策划的关键词，该款软件便可以一键生成营销大纲、SWOT 分析、头脑风暴、生活计划和活动策划等脑图。这不仅帮助传媒企业节省了专业设备购置成本和营销策划成本，还极大地增强了视频内容的创意，提升了传媒企业的数字营销价值。

作为全球领先的数字内容创意赋能者，万兴科技致力于将融入 AIGC 技术的数字内容创作软件推向全球，为传媒企业进行数字营销内容创作提供得力的工具。

5.3.2　营销方案快速生成，提高效率

制定一份科学、合理的营销方案往往需要耗费大量的时间和人力成本，如何低成本、高效率地生成营销方案一直是传媒领域的企业关注的重点问题。针对这一问题，奇魂 AI 推出了"一站式"的 AIGC 营销解决方案。

该方案针对 AIGC 在企业数字营销领域的应用，包括网络广告的制作、社交媒体的营销、搜索引擎的优化等，为企业提供了一套高效的智慧营销方法，能够满足企业在不同营销阶段的内容创作需求，且覆盖面广，使用方法简单，可助力企业轻松开展数字营销活动。

在使用 AIGC 营销解决方案时，用户可以在奇魂 AI 文案生成系统中输入营销方案想要实现的目标效果，并制定相应的规则和模板，系统通过语义分析和理解自动读取用户输入的文本，生成用户所需的营销方案。

奇魂 AI 利用自然语言处理、深度学习等技术，整合营销内容资源，使营销业务、数据、系统和方案融为一体，极大地提升了数字营销的效率和质量，为企业制定了科学、精准的数字营销方案。此外，奇魂 AI 具有自动翻译的功能，能够自

动按照用户的要求对语言进行转换和翻译，从而更好地捕捉全球化的数据和信息，为用户提供更多便利。

奇魂 AI 具备强大的推理能力和学习能力，能够精准地捕捉当下的市场风向和用户需求。奇魂 AI 提升了内容生成系统多维表达、多模态感知、自主定义、情感贯穿等方面的能力，模拟人类思维生成富有逻辑性的方案，助力传媒企业制订高质量的营销方案。奇魂 AI 之所以被广泛地应用于营销内容生成、方案策划等领域，得益于奇魂 AI 的赋能和助力。通过奇魂 AI 的赋能和助力，传媒企业能够进一步了解用户的需求，提升用户的满意度。

AIGC 营销解决方案能够快速定位企业的营销目标，为企业提供专业的数字营销方案定制工具，并用科学的数据分析为企业量身定制营销方案。AIGC 营销解决方案被传媒企业广泛应用于网站设计、邮件编辑、广告投放等方面，不仅推动了 AIGC 与数字营销的深入融合，还进一步助力传媒企业在营销领域实现降本增效。

5.3.3　蓝色光标：AIGC"创策图文"营销套件

销博特是蓝色光标集团旗下一款集机器学习和大数据处理为一身的智能营销决策平台。2022 年 12 月，销博特推出 AIGC"创策图文"营销套件。该组套件结合内容营销业务"Know-How"，从创意、文案、策划等方面，为企业提供智能一体化的内容生成方案。该组套件是一种新型的 AIGC 内容营销工具，助力 Web3.0 时代的内容营销实现在线化、精准化、个性化。以下是 AIGC"创策图文"营销套件包含的具体内容。

1. AI 生成创意

创意风暴：通过自然语言处理技术激发启发性短语，捕捉创意灵感和火花，并整合相关元素之间的关联性，根据关联性推荐创意概念。

创意罗盘：企业根据用户特征和产品卖点获得内容创意启发。

2. AI 生成策略

用户画像：结合行为心理学，通过用户调研数据和社群数据一键生成用户画像。

智能策划：企业输入任务指示，系统后台在 15 分钟内自动生成用户营销策划案。

3. AI 生成图片

创意画廊："康定斯基"抽象画生成平台，根据用户输入的关键词或者上传的图片，一键生成抽象画。

一键海报：输入关键词或者语句，围绕营销热点一键生成营销海报。

4. AI 生成文本

品牌主张：基于品牌调性、品牌名，一键生成定制化的品牌 Slogan。

AI 易稿：基于稿件模板进行辅助性写作。

国风文案：基于品牌、调性和核心句子撰写品牌文案。

销博特在文案自动生成和创意自动生成方面已经获得多个软件的著作权，包括品牌主张、国风文案、创意机等。在策划案生成领域，销博特结合自然语言处理技术和向量运算助力品牌定位的标准化。销博特将品牌的心智定位转化为数学题，并申请品牌定位的支持向量机专利。

AIGC "创策图文"营销套件将 AI 技术广泛应用于内容生产端，从辅助生成方面激发内容创作灵感，并逐渐过渡到内容的驱动创作，提升内容自主生成能力。同时，AIGC "创策图文"营销套件在表现力、传播、个性化和创意等方面充分发挥 AI 技术优势，极大地提升了内容交互端的体验。AIGC "创策图文"营销套件能够模拟人类思维，在稿件文本撰写、海报图片制作、视频制作和剪辑、创意自动化生产等方面具备较强的逻辑性。

AIGC"创策图文"营销套件是传媒企业策划营销内容的好帮手，能够为传媒企业的数字营销创造更多机遇，帮助传媒企业实现更加精准化、个性化的内容营销。

第 6 章

AIGC+电商：虚实交互，打造沉浸式购物体验

随着先进技术的发展与消费者需求的转变，电商卖家开始着眼于为消费者提供沉浸式购物体验。AIGC 能够在内容生成、营销、场景搭建等方面发挥作用，"AIGC+电商"成为全新电商发展模式，给消费者带来沉浸式的购物体验。

6.1　赋能内容：电商内容智能生成

AIGC 能够赋能内容创作，实现文本生成、图片生成和视频生成，这也使电商内容生产不再依靠人工，从而提高了电商内容创作效率，变革了电商内容生产模式。

6.1.1　AIGC 文本生成：产品命名+产品描述+营销邮件

传统的电商文本由人工输出，具有质量不稳定、效率低下等缺陷。输出优质的电商内容具有一定的门槛，电商卖家需要花费大量的时间学习、练习。在此背景下，AIGC 大受欢迎。AIGC 能够通过对大量数据进行分析，在确保高效率的前提下，输出高质量的内容，解决电商卖家在产品命名、产品描述和营销邮件书写方面面临的问题。

例如，互联网广告营销平台阿里妈妈推出过一款名为"AI 智能文案"的产品，该产品通过分析淘宝、天猫的大量数据，生成高质量的商品文案。该产品在生成文案的同时十分注重商品属性的多元化，能够根据电商卖家输入的关键词输出不同的文案，满足不同电商卖家的需求。如果电商卖家想要生成一条连衣裙的文案，可以在"AI 智能文案"中输入"短款、连衣裙、仙女风"，就会生成相应的文案；如果电商卖家输入"长款、端庄、连衣裙"，则会形成另一种差异化文案。

AI 智能文案还设计了一套"What+Why"的文案生成逻辑，以实现商品属性的多样性。文案的前半段是"What"，主要是根据商品的关键词进行功能描述和产品介绍；后半段是"Why"，根据前半段的内容进行有逻辑的续写，主要描述商品的优点及为何购买它。最后"What+Why"组合出差异性明显的文案，提升文案的多样性。

如何书写营销邮件是很多电商卖家在营销推广中遇到的难题。电商卖家在书写营销邮件时，经常会出现邮件内容重复、影响转化、内容模板老套、无法吸引消费者等问题。如何优化营销邮件，提高电商卖家与消费者之间的沟通效率呢？电商卖家可以利用 AIGC 创作营销邮件。

例如，网易外贸通开发了 AI 写信功能。AI 写信功能不仅可以利用 AI 创建邮件，而且可以使用 AI 润色邮件内容。

AI 写信功能支持创作不同场景的邮件，有许多信件类型可供电商卖家选择，如产品介绍、节日祝福等。电商卖家只需要输入店铺信息、商品信息或商品的关键词，AI 便可智能生成一封邮件。如果电商卖家对这封邮件不满意，可以点击"重新生成"，从而获得一封新邮件。在电商卖家确认邮件内容后，点击"填入到邮件"，便可以直接发送营销邮件。

AI 润色功能可以帮助电商卖家润色自己撰写的邮件。电商卖家在输入邮件内容后，便可以对内容进行一键润色。电商卖家不仅可以选择邮件的具体用途与使用场景，还可以选择邮件的语气，如委婉、亲切、商务等，十分便捷。

"AIGC+电商"这一模式，大大提升了电商卖家的内容生产效率，提高了内容创作质量，为电商卖家的内容创作打开了全新的发展空间。

6.1.2　AIGC 图片生成：AIGC 绘画工具自动生成图片

对于电商卖家来说，上新一套产品需要拍摄大量的图片，耗费人力、物力与时间，而如今，AIGC 能够帮助电商卖家自动生成需要的图片，从而降低生成图片的成本。

ZMO.AI 是一个创建于 2020 年的 AI 绘画平台，主要为电商卖家提供 AI 模特图片解决方案。ZMO.AI 表示，电商卖家只需要提供服装产品图片与模特指标，便能合成自己需要的人物图片。ZMO.AI 研发了一款 AI 模特生成软件。电商卖家可以使用这款软件自定义模特的面孔、身高、肤色以及体型，从而生成一个符合自己要求的模特。

与传统的拍摄相比，AIGC 自动生成图片能够节约电商卖家的成本与时间。电商卖家宣传产品需要借助于精美图片，图片需要摄影师拍摄，不仅拍摄时耗费时间，后期修图也需要占用时间，而合成图片能够节约这一部分时间。ZMO.AI 官方数据显示，ZMO 的中文平台"YUAN 初"能够帮助电商卖家降低 90% 的运营成本，提高 10% 的制作效率，提升 50% 的客户转化率。

ZMO.AI 还具有方便快捷的特点。电商卖家只需要具有创意，然后用语言详细地描述创意，AI 就可以生成大量图片，电商卖家再从其中挑选合适的图片。

为了给电商卖家提供更多便利，ZMO.AI 计划构建一个线上社区。电商卖家可以在线上社区中分享生成的图片，为其他电商卖家提供灵感。如果电商卖家觉得某张图片很有趣，也可以给这张图片融入自己的元素，生成一张新的图片。

AIGC 图片生成技术给电商卖家提供了新的发展空间。AIGC 能否在电商行业长久发展，在一定程度上取决于其能否为电商卖家带来长久的利益。

6.1.3　AIGC 视频生成：为视频创作打开想象空间

如今短视频行业十分火热，为了更好地吸引消费者，许多电商卖家借助短视频推广产品。短视频创作有一定的技术门槛，对于许多电商卖家来说，AIGC 视频生成为他们的短视频创作提供了助力。

电商卖家可以借助 AIGC 视频生成软件进行视频创作。例如，Pictory 是一款 AI 视频生成应用，电商卖家可以在没有视频创作经验的情况下，借助 Pictory 编辑、创作视频。电商卖家只需提供视频脚本，Pictory 便可以输出一个制作精良的视频，电商卖家可以将这个视频发布在自己的短视频账号上，吸引消费者。此外，Pictory 还拥有利用文本编辑视频、创建视频精彩片段、为视频添加字幕等功能，降低电商卖家视频创作的门槛。

具有同样功能的还有 InVideo。InVideo 是一个成立于 2017 年的视频制作平台，其致力于为有需求的人提供视频编辑工具。InVideo 为没有视频制作经验的电商卖家提供了一个 AI 驱动的视频编辑工具，电商卖家能够借助该视频编辑工具在几分钟内创作一个视频。

在视频编辑工具中，电商卖家可以按照自己的喜好设置字体、动画以及颜色，还能够添加自己喜爱的音乐。InVideo 为电商卖家提供了超过 300 万个影片库、100 万个视频库及 1500 个视频模板。如果电商卖家在视频制作时遇到字幕无法对齐的问题，可以借助 Intelligent Video Assistant（智能视频助手），改正视频中出现的问题。

借助这些 AIGC 视频编辑工具，电商卖家可以开拓新的销售场景，获得更多的潜在消费者，创造更多的经济收益。

6.2　赋能场景：电商场景三维建模

如今，传统购物场景已经无法吸引消费者的目光。为了迎合消费者的需求，打造沉浸式购物场景成为电商卖家努力的新方向。AIGC 通过与 AI、VR 等技术的结合，实现三维建模，实现购物场景的升级，为消费者带来沉浸式的购物体验。

6.2.1　智能生成 3D 模型，实现商品展示与试用

各大品牌都十分注重营销，试图通过营销活动给消费者带来新鲜感，吸引消费者的注意力。电商平台借助 3D 建模技术实现商品的展示与使用，从而给消费者带来身临其境的体验，促进交易达成。

与 2D 建模相比，3D 建模既可以在线上全方位地展示产品的外观，使消费者深入了解产品，改善消费者的线上购物体验，也可以节约消费者的选购时间，快速达成交易。3D 建模的用途广泛，可以用于在线试穿。例如，消费者在线试穿衣服，购物体验更加真实、有趣。

3D 建模使消费者足不出户便能体验实体逛街的感觉。例如，天猫曾经打造一个"天猫 3D 家装城"，消费者只需要打开淘宝 App，搜索"天猫 3D 家装城"便可以进入 3D 世界。消费者可以在 3D 房间内自由走动，感受全屋搭配的效果，也可以停留在某个地方，认真观看商品细节。

"天猫 3D 家装城"内有 1 万多套 3D 房间，从北京最美家居店到上海复古家居小店，许多线下实体家居卖场在"天猫 3D 家装城"内均有复刻，消费者可以根据自己的需要进行选购。

"天猫 3D 家装城"给消费者带来了沉浸式的购物体验，也给依靠线下体验的家装行业带来了颠覆性的变革。家装产品具有单价高、退换成本高等特点，因此消费者购买家装产品时十分谨慎，而此次活动能够让消费者在线上实现所见即所得，提高了消费者的体验感，也打通了线上线下融合的通道。

除天猫外，许多品牌也在商品虚拟展示与试用领域不断探索。例如，优衣库打造虚拟试衣间，消费者可以在线虚拟试穿；阿迪达斯推出虚拟试鞋 AR 购物功能；宜家实行虚拟家具选购计划。虽然 3D 建模还处在发展中，但在 AIGC 的助推下，未来将会涌现更多好用的工具，降低 3D 建模的门槛，实现商品虚拟展示

与试用的大规模商业化落地。

6.2.2　实现虚拟商城搭建，提供全景式虚拟购物场景

为了从各个渠道吸引消费者，许多品牌尝试搭建虚拟商城，为消费者打造全景式虚拟购物场景，提供线上线下融合的新消费体验。

许多品牌尝试搭建虚拟商城，将线下购物场景转移到线上，实现沉浸式营销，给消费者提供更加沉浸的购物体验。例如，知名运动品牌 Nike 与 Roblox 展开合作，推出了大型虚拟旗舰店 Nikeland。消费者不仅可以在 Nikeland 进行常规购物，还可以操纵自己的虚拟化身参与许多小游戏，包括蹦床、与其他玩家捉迷藏、跑酷等，从而获得沉浸式体验。

阿里巴巴启动"Buy+"计划，使消费者能够在虚拟商城购物，给消费者带来开放式购物体验；IMM 商场与电商平台 Shopee 在新加坡共同打造虚拟购物中心，通过在线服务增加线下零售商的收益。

品牌进行沉浸式营销，需要搭建相应的虚拟购物场景。对此，众趣科技可以为品牌提供帮助。众趣科技是一家 VR 数字孪生云服务提供商，拥有许多自主研发的空间扫描设备，再加上数字孪生 AI、3D 视觉算法、互联网三维渲染等技术的加持，既可以帮助企业构建虚拟购物场景，也可以对线下购物场景进行三维立体重建，从而将线下购物场景完整、真实地复刻到虚拟世界中。

众趣科技[①]打造的虚拟购物场景还具有设置购物标签的功能。品牌可以借助标签向消费者展示产品详情与购买链接。同时，品牌还可以设置快速导航，使消费者能够快速找到自己需要的店铺，进一步提升消费者的购物体验感。

与众趣科技合作的企业众多，包括阿里巴巴、华为、红星美凯龙等。众趣科技致力于利用自己强大的技术帮助企业构建虚拟空间，有了众趣科技的支持，品

---

① 众趣科技指的是众趣（北京）科技有限公司。

牌可以给消费者提供更优质的服务，消费者足不出户就能获得和线下购物几乎没有差别的沉浸式购物体验。

虚拟技术不断发展，助力品牌在虚拟空间中搭建购物场景，从而突破地域条件的限制，吸引更多消费者。在虚拟购物场景中，品牌可以通过充满科技感的场景向消费者展示自己的产品，促进交易达成。

6.3　虚拟主播：电商营销的好帮手

在电商直播中，虚拟主播能够进行全天候的商品介绍，随时为消费者提供服务。这降低了电商直播的门槛，大幅提高了电商直播效率。因此，许多品牌选用虚拟主播进行直播，虚拟主播成为品牌开展电商营销的好帮手。

6.3.1　虚拟主播与真人主播合作，实现全天候直播

近年来，电商直播获得了巨大的发展，许多品牌都进入电商直播赛道，并研究如何在直播模式上进行创新。经过不断探索，一些品牌采用"虚拟主播+真人主播"的直播模式，实现全天候直播，持续吸引消费者。

一些品牌之所以采用"虚拟主播+真人主播"的直播模式，是因为相比真人主播全天候直播，"虚拟主播+真人主播"的直播模式具有 3 个优势：

（1）虚拟主播能够延长直播时间，填补真人主播休息的时间空白。消费者随时进入直播间都有主播为他们介绍产品，能够获得更优质的购物体验，销售转化率进一步提升。

（2）虚拟主播能够推动品牌年轻化，拉近品牌与年轻消费者之间的距离。例如，完美日记引入虚拟主播 Stella 进行直播带货，更好地服务消费者。

（3）虚拟主播是虚拟人物，人设更加稳定。虚拟主播的个人形象与言行都由品牌方打造，品牌无须担心虚拟主播的人设崩塌。

例如，洛天依是一个由上海禾念①推出的二次元虚拟偶像，一经问世就获得了大批粉丝的喜爱。在 B 站（哔哩哔哩弹幕网）控股上海禾念后，洛天依成为 B 站的"当家花旦"，举办了多场全息演唱会，参加了多家电视台的活动，影响力不断提升。

洛天依的火爆，使其商业价值愈加凸显，不仅演唱会门票火速售罄，其代言的产品也获得了大量粉丝的关注。在直播带货领域，洛天依也有出色表现，以强大的影响力促进产品销售。例如，洛天依进入淘宝直播间，作为虚拟主播推销美的、欧舒丹等品牌的产品，引发了众多消费者的关注。在整个直播过程中，直播间在线观看人数一度突破 270 万，约 200 万人进行了打赏互动。

除洛天依外，越来越多的虚拟主播开始走进电商直播间，如快手推出虚拟主播"关小芳"、京东推出虚拟主播"小美"。这些虚拟主播各有特色，吸引着不同圈层的消费者，不仅丰富了电商直播的内容，还开启了直播带货的新模式。

除虚拟主播与品牌合作进行直播带货外，一些品牌也开始孵化自己的虚拟主播。品牌通过"虚拟主播+真人主播"的直播模式进行全天候不间断直播。例如，自然堂推出虚拟主播"堂小美"。她不仅可以专业、流畅地介绍不同产品的信息，还可以自然地和消费者互动（和刚进直播间的消费者打招呼、根据消费者评论的关键字做出相应的答复等）。此外，在介绍产品的过程中，"堂小美"还会提醒消费者使用优惠券、购物津贴等，十分贴心。

"虚拟主播+真人主播"的直播模式能够给消费者带来新鲜感，同时也能够填补空白的直播时间。这样无论消费者何时进入直播间，都有主播为其服务。未来，虚拟主播的功能或将越来越强大，为消费者提供更为贴心的服务，促进品牌营销革新。

_____

① 上海禾念指的是上海禾念信息科技有限公司。

6.3.2 搭建沟通渠道，加深品牌与消费者的连接

当前的消费主力是 Z 世代的年轻消费者，他们具有鲜明的时代特性：追求个性、喜欢新鲜事物等。基于这样的特性，虚拟数字人成为他们追求的热点，也成为品牌与消费者建立连接的桥梁。

虚拟数字人作为数字经济时代的新兴产物，在品牌营销方面具有独特的价值。一些品牌尝试打造虚拟数字人 IP，将自己的品牌文化集中到虚拟数字人身上，利用虚拟数字人进行品牌宣传。例如，国货彩妆品牌花西子打造了虚拟形象"花西子"，传承东方文化，展现东方魅力。为了突出人物特点，花西子的制作团队认真钻研了我国传统面相美学，在建模时，特意在"花西子"眉间点了一颗"美人痣"，让其形象更有特色。"花西子"还手持并蒂莲，传递了花西子"同心同德，如意吉祥"的美好愿景。

花西子基于精准的人群定位打造了"花西子"这一虚拟形象，并将这个形象运用到品牌推广的各个环节中，使品牌与目标消费者产生情感共鸣，也使消费者对品牌产生信任，从而购买产品。

品牌打造虚拟数字人 IP，能够潜移默化地传递品牌理念，尤其是面对 Z 世代的年轻消费者，虚拟数字人可以让品牌变得更加年轻，更容易激发年轻消费者的潜在需求，满足他们对品牌的期待。

例如，一向擅长与年轻人"玩在一起"的百事推出了虚拟偶像组合 TEAM PEPSI。TEAM PEPSI 以百事旗下的百事可乐、百事可乐无糖、美年达、七喜 4 款产品为原型，塑造了 4 位外貌、性格各不相同的虚拟数字人，如图 6-1 所示。

在 TEAM PEPSI 中，MIRINDA 是一名鼓手，身着一身黄衣，尽显活泼可爱；PEPSI 是一名唱跳俱佳的全能型选手，拥有明朗率真的性格；PEPSI NO SUGAR 是一名 DJ，以一身炫酷的黑衣展现劲爽无畏的气质；7UP 是一名电吉他手，一身

绿衣展现勃勃生机。TEAM PEPSI 虚拟偶像组合象征着百事未来的生命力，搭建了品牌与消费者沟通的渠道，他们成为 Z 世代年轻消费者的伙伴，吸引了无数年轻消费者的目光。

图 6-1　百事虚拟偶像组合 TEAM PEPSI

虚拟数字人是全新的品牌流量增长点。在 Z 世代年轻消费者逐渐成为消费主力的今天，虚拟数字人凭借自身的优势，能够搭建品牌与消费者沟通的渠道，加深品牌与消费者的连接。

6.4　虚拟 IP：邀请代言+自建虚拟 IP

随着数字经济的发展，虚拟 IP 获得了巨大的关注。许多品牌通过邀请虚拟代言人或自建虚拟 IP 的方式，让虚拟 IP 为品牌代言，引爆流量和销量。

6.4.1　邀请代言：AI 虚拟偶像成为代言新宠

AI、AR、VR 等技术的进步使虚拟数字人越来越真实，AI 虚拟偶像逐渐成为品牌代言的新宠，许多品牌邀请 AI 虚拟偶像进行产品代言。在娱乐圈明星频频"翻车"的当下，AI 虚拟偶像代言既是代言形式的创新，也是品牌规避风险的有效措施。

相关数据显示，国内 AI 虚拟偶像市场发展迅猛。2020 年，国内 AI 虚拟偶像市场规模超过 645.6 亿元，2023 年，市场规模有望超过 3334.7 亿元。AI 虚拟偶像之所以如此受市场青睐，是因为其具有强大的创新思维与创造能力。对于消费者来说，AI 虚拟偶像如同真人，具有真实的形象、性格，还可以拍摄视频、录制综艺，与消费者进行直播互动、对话交流。AI 虚拟偶像的行为可以根据消费者的期待自由调控，带给消费者新奇的体验。

AI 虚拟偶像的出现，使品牌摆脱了对偶像明星的依赖。过去，品牌往往借助知名偶像明星进行品牌宣传，偶像明星的行为与品牌形象挂钩。偶像明星一旦"翻车"，对品牌形象的冲击很大。而 AI 虚拟偶像可以使品牌摆脱对偶像明星的依赖，创新品牌代言方式。

AI 虚拟偶像是在市场需求的驱动下诞生的，依附于品牌生存，品牌无须担心其"人设"崩塌，因此 AI 虚拟偶像深受品牌的喜爱，具有广阔的发展空间。

例如，2022 年 4 月，国内鲜花品牌"花点时间"宣布与虚拟偶像"阿喜 Angie"合作，邀请阿喜 Angie 作为品牌的"2022 年度虚拟代言人"，如图 6-2 所示。阿喜 Angie 是元熹科技有限公司推出的 AI 虚拟偶像，经常身穿白色上衣出镜，给观众带来一种自然闲适的感觉。

"花点时间"在此次合作中推出了春季限定香水"芍药吹吹风"，希望借助芍药来探索东方意境，传递东方香气。阿喜 Angie 平易近人的形象与"芍药吹吹风"所传递的天然感相契合。此次"花点时间"与阿喜 Angie 合作，希望借助阿喜 Angie 的邻家女孩形象，通过生活化的场景引起消费者的共鸣，吸引一些追求自然、真实、清新的女性消费者。

图 6-2　"花点时间"虚拟代言人阿喜 Angie

　　AI 虚拟偶像成为品牌代言人是大势所趋。需要注意的是，虽然 AI 虚拟偶像有很多优势，但仍存在成本高、变现效果不明显等问题。未来，随着 AI 虚拟偶像产业的深入发展，这些问题可能会得到解决。

6.4.2　自建虚拟 IP：屈臣氏推出 AI 代言人"屈晨曦"

　　知名日化品牌屈臣氏在年轻化的道路中不断探索，为了吸引年轻消费者的目光，屈臣氏尝试自建虚拟 IP，搭配次元壁，推出了 AI 代言人"屈晨曦"。

屈晨曦具有帅气的外表与温柔的个性，多才多艺，会跳舞，会主持，能与消费者互动。屈臣氏将屈晨曦作为品牌代言人，让其在各类市场营销活动中充分发挥价值。

屈晨曦在屈臣氏的小程序中担任品牌顾问，针对不同消费者的不同需求，为其推荐合适的产品。屈晨曦能与消费者进行游戏互动、语音聊天，为消费者提供专业化、个性化的服务。屈晨曦可作为主播参与品牌直播，在直播间售卖产品，赋能商品销售。平时，屈晨曦会在社交平台上更新动态，与消费者交流互动。屈晨曦不仅是屈臣氏的代言人，而且是屈臣氏与消费者沟通的桥梁，使屈臣氏与消费者沟通的方式更加多元化。

2020 年 9 月，屈晨曦以屈臣氏 AI 代言人的身份登上《嘉人 NOW》杂志封面。此次合作标志着屈晨曦的业务范围进一步扩大，由聚焦美妆护肤向美丽生活一站式服务扩展。屈晨曦满足了消费者的多元化需求，增强了消费者的黏性。同时，屈晨曦的人物形象更加立体、真实。

作为线下实体店，屈臣氏面临着巨大的市场竞争压力。为了缓解这种压力，屈臣氏积极探索，推出屈晨曦是屈臣氏年轻化战略的重要举措，表明了其更好地为年轻消费者服务的决心。

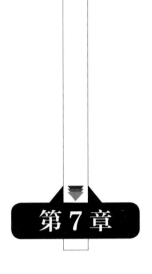

第7章

AIGC+影视：智能创作，为影视创作提供新思路

内容生产逐渐进入 AIGC 时代，众多企业纷纷进入 AIGC 赛道，影视企业也不例外。AIGC 使影视剧本的创作更加智能、高效，其在影视创作领域得到了广泛应用。

7.1　AIGC 影视剧本创作，激发创作者灵感

AIGC 帮助众多影视企业开拓了新的影视创作思路，激发了影视企业全新的创作灵感，助力影视企业剧本创作、角色创作、场景创作及后期制作效率提升。

7.1.1　剧本数据分析+内容智能生成，形成剧本初稿

AIGC 成功解决了影视企业剧本创作费用高昂、效率低下、质量堪忧等痛点。在前期创作剧本时，影视企业能够借助 AI 对海量剧本数据进行整理、分析和归纳，并按照剧本预设风格快速生成剧本内容，缩短剧本创作周期。影视企业通过 AIGC 创作出来的剧本，更能迎合观众的喜好。

借助 AIGC，影视企业能够批量生成剧本，并对所生成的剧本进行二次筛选和加工。早在 2016 年，美国纽约大学就借助 AIGC 成功编写了电影剧本 Sunspring，该剧本经拍摄后，在伦敦科幻电影 48 小时挑战赛中取得了良好的成绩。

2020 年，美国加州查普曼大学的一名学生借助 OpenAI 大模型 GPT-3 创作剧本《律师》，并将其拍摄成短片。如今，众多国内影视科技公司也开始探索并提供智能剧本内容生成服务。

2022 年，DeepMind 推出助力剧本创作的大型语言模型系统——Dramatron。该系统能够利用生成式 AI 对剧本的整体纲要和关键词进行理解和解读，并以分析的结果为依据生成基础剧本。该系统创作剧本的主要优势是以更低的成本生成更加专业化的剧本内容。

2023 年 2 月，新电商大数据营销分析平台"有米有数"结合 ChatGPT 推出了 AI 剧本工具，为影视企业在剧本创作方面提供了更多的思路和灵感，为剧本创意

的规模化生产提供了更多的可能性。在使用 AI 剧本工具时，创作者可以通过在剧本创作系统输入剧本主题和关键词，一键生成创意剧本脚本。

AIGC 在剧本创作领域的应用不仅降低了影视企业剧本创作的成本，还大幅提升了影视企业剧本创作的效率和质量。

7.1.2　海马轻帆：AI 写作实现小说转剧本

将小说改编成剧本是一个复杂且漫长的过程，其中涉及了内容格式、场景、台词的修改及人物角色的戏量统计，往往需要耗费大量的时间和精力，而 AIGC 改变了这一现状。

以海马轻帆为例，创作者登录海马轻帆网站，进入创作平台的"智能写作"界面，将小说内容复制粘贴至"小说转剧本"的文本框中，便能够一键生成或转换剧本格式。海马轻帆的这一功能将小说语言重新分析、拆解、整合，组成包含对白、场景、动作等视听元素相结合的剧本内容，大幅提升了剧本改编的效率。

海马轻帆还上线了角色戏量统计、一键调整剧本格式、剧本智能评估、短剧分场脚本导出、海量创作灵感素材库等功能。其中，角色戏量统计功能能够智能识别剧本中的角色，对角色戏量进行整理和归纳；一键调整剧本格式功能支持多种剧本格式的自由切换。

剧本智能评估功能面向内容创作者和开发者，对网络电影、院线电影、网剧、电视剧等剧本内容进行数据分析。剧本智能评估功能可以智能生成剧情曲线，并展示剧情冲突的高低起伏，分析剧情整体布局和发展节奏的合理性。

在场次分析方面，剧本智能评估功能能够识别剧情中的重要场次布局情况，从而判断重要场次的布局是否合理。在人物分析方面，剧本智能评估功能能够根据剧本中角色的互动生成人物关系网，计算角色之间的互动及戏份占比，并从人物命运转折的角度分析人物在剧中的成长性。剧本智能评估功能还被广泛应用于剧本评测、筛选和改编等多个商业化场景之中，帮助影视企业解决剧本内容在后期制作开发和质检等方面的问题。

在网络电影剧情评估分析方面，海马轻帆增添了多稿剧本比对分析功能，通过将剧本与同类型的优秀剧本进行比对，分析剧本的竞争优势。海马轻帆自研算法根据不同剧本的特征，针对场次分析、剧情评价、人物特征及角色关系等多模块搭建了评价指标体系，帮助企业进行剧本的初期筛选，解决了影视企业剧本创作高耗时、低产出的问题。

由海马轻帆 AI 撰写的微短剧《契约夫妇离婚吧》在快手播放量已经破亿。海马轻帆剧本智能评估功能服务过的电影作品有《流浪地球》《拆弹专家2》《你好，李焕英》《误杀》《除暴》等，电视剧有《在远方》《我才不要和你做朋友呢》《传闻中的陈芊芊》《冰糖炖雪梨》《月上重火》等。海马轻帆还服务过众多知名影视企业和机构，如中影、优酷、阿里影业等。

如今，海马轻帆已经具备较高的行业渗透率，推动了剧本改编的新变革，帮助剧本创作者更加精准地抓住内容的逻辑、主旨和特色，实现剧本的高效、高质量改编。

7.2　AIGC 实现角色和场景创作

AIGC 在影视企业中的应用不仅有剧本创作，还有角色和场景创作。AI 换脸、AI 虚拟演员、AI 虚拟场景等已经成为 AIGC 在影视行业中的常见应用。

7.2.1　AI 换脸和 AI 换声

AIGC 在影视创作中的优势逐渐凸显，AI 换脸和 AI 换声在影视创作中的应用频率越来越高。以下是一套完整的 AI 换脸技术应用逻辑，如图 7-1 所示。

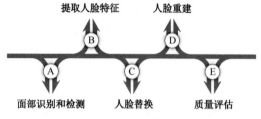

图 7-1 一套完整的 AI 换脸技术应用逻辑

1. 面部识别和检测

在换脸之前，AI 需要分别对原图和目标图中的人脸进行识别和检测。在这个过程中，AI 通过机器学习自动识别原始人脸的关键点和目标人脸的关键点，并通过捕捉头部缩放和旋转等动作特征补充人脸细节。

2. 提取人脸特征

为了实现更加逼真的换脸效果，AI 需要通过对人脸识别模型的深度学习提取原始人脸和目标人脸的特征向量。

3. 人脸替换

当成功提取人脸的特征向量后，AI 便开始进行人脸替换。在人脸替换的过程中，AI 需要将原始人脸的特征向量与目标人脸的特征向量对齐并融合，从而更加精细化地绘制替换后的人脸轮廓。

4. 人脸重建

成功替换人脸后，AI 需要通过网络变形和关键点插值等技术保证人脸动作和面部表情的连贯性，使替换后的人脸更加协调。

5. 质量评估

在换脸流程结束后，AI 需要对换脸的最终效果进行质量评估，以判断换脸效果是否符合目标人脸的特征，替换后的人脸是否清晰、自然等。

除 AI 换脸外，AI 换声也在影视创作领域得到应用。成熟的 AI 换声技术能够捕捉人物语音的感情色彩，处理人物情绪、口吻等细节，减少声音的机械感，以无限接近人物的真实声音。

某位影视行业工作者使用微软 TTS（语音合成工具）录制了影视作品《红楼梦》中的一段林黛玉和贾宝玉的对话，并通过 TTS 的 AI 语音转换功能将林黛玉的声音替换为自己的声音。

TTS 通过对林黛玉声纹的分析和捕捉，精细地调整了 AI 的语气和语速，并自动植入委屈、生气、不满等感情色彩，惟妙惟肖地展现了林黛玉和贾宝玉赌气、使小性子的剧情。

影视行业的内容创作周期较长，有些影视作品的全系列创作周期长达数十年之久。在漫长的创作周期中，难免会出现一些突发状况。例如，在制作某纪录片的过程中，配音师突然逝世。节目组曾尝试聘请其他与原配音师配音风格相似的配音师参与节目录制，但效果不尽如人意，且观众早已习惯了原配音师的声音，临时更换配音师很容易使观众产生排斥心理。

针对这种紧急情况，节目组首次利用 AI 技术对原配音师的声音进行模拟。通过 AI 技术的声纹分析和处理，AI 成功模拟出了原配音师的声音、语气和感情色彩。节目组对 AI 生成的声音十分震惊，AI 换声技术成功助力该纪录片播出和完结。

无论是在 AI 换脸方面，还是在 AI 换声方面，AIGC 都发挥出了极大的价值。AIGC 帮助影视企业规避了一定的创作风险，并为影视企业提供了强大的助力。

7.2.2 AIGC 实现虚拟演员打造

随着 AIGC 不断深入发展，影视企业塑造作品角色不再依赖于真人扮演，而是逐渐将注意力转移至虚拟演员打造。相较于真人演员，AI 生成的虚拟演员可以"永葆青春"，并始终保持良好的形象，帮助影视企业规避因演员身陷绯闻或丑闻而人设崩塌的风险。影视企业能够根据观众的需求和剧情实际发展需要，对虚拟演员的人物形象和性格进行极具个性、针对性的打造，从而更好地塑造影片角色。

虚拟演员能够突破演员的技能和水平限制。在打造虚拟演员的过程中，影视企业能够自主设置人物的外在形象、性格特征及肢体动作，并搭配虚拟场景特效，使虚拟演员在特定场景下更加生动、丰满，给观众带来更好的视觉观感。

以虚拟演员"白小宇"为例，白小宇是天工异彩[①]利用 AI 数据生成的超写实虚拟演员。天工异彩通过 AI 深度学习、AI 文本驱动、AI 动作捕捉系统实时整理并生成人物表情动作，使白小宇的人物形象更加真实、丰满。同时，天工异彩还通过 Unreal Engine（虚拟引擎）对录制背景进行实时渲染，增强场景的感染力。

天工异彩结合企业在影视视觉效果和人物形象把控方面的多年经验，成功打造出这个超写实的虚拟演员。白小宇以其超写实的角色特性开创了虚拟演员发展的新高度。

虚拟演员使角色的创作更加简单，角色的形象更加丰富。随着虚拟演员的优势不断凸显，众多影视企业加入 AIGC 虚拟演员打造的浪潮中，虚拟演员打造成为影视企业创造高价值作品的新途径。

---

① 天工异彩指的是北京天工异彩影视科技有限公司。

7.2.3　AIGC 虚拟场景制作节省影视成本

场景搭建是影视剧拍摄过程中的重要环节，但是搭建精良的场景需要耗费高昂的成本。基于此，众多影视企业引入 AIGC 虚拟场景合成技术，以节省搭建场景的成本。

AIGC 虚拟场景搭建常应用于动画场景搭建和影视剧场景搭建。在动画场景搭建过程中，AI 通过将虚拟场景与虚拟数字人结合，实现虚拟场景中的多人实时互动，打造沉浸式零距离社交体验。AIGC 在角色互动、场景互动、虚拟化身等方面赋能动画制作，给观众带来临场感更强的观看体验。例如，实验性动画短片《犬与少年》的部分场景就是由 AI 搭建的，创新了场景搭建的方式。

AIGC 辅助场景搭建需要经过 4 个步骤，分别是场景绘制、一次 AI 生成、二次 AI 生成、人工修改。即先由动画师手动绘制场景，再通过 AI 对场景进行一次和二次合成，最后再由动画师在 AI 生成场景的基础上进行修改和优化。在整个场景搭建的过程中，动画师只需要参与最初的创意生成阶段和最终交付阶段。

在影视剧场景搭建过程中，AI 能够合成虚拟物理场景，搭建众多成本过高或者无法实拍的场景，极大地拓展了影视作品想象力的边界，给观众带来更加优质的视听体验。AI 合成影视剧场景并非新奇的应用，其在 2017 年的热播剧《热血长安》中便得到了应用，《热血长安》中大量的场景都是通过 AI 技术虚拟生成的。

为了使 AI 虚拟合成的场景更加协调、自然，在拍摄这部剧之前，导演组大量采集实地场景，以虚拟特效对实地场景进行数字建模，再通过 AI 将虚拟场景与现实场景相结合，搭建出栩栩如生的拍摄场景。此外，在拍摄的过程中，演员在绿幕前表演，后期制作人员利用 AI 实时抠像技术，将虚拟场景与演员动作相融合，使演员与场景的融合更加自然。

AIGC 已经成为搭建虚拟场景的重要工具，其在搭建 3D 模型和制作场景特效方面发挥着越来越重要的作用。例如，英伟达推出的 AIGC 模型——GET3D，具备生成空间纹理的 3D 网格功能，能够根据深度学习模型和训练模型实时合成具有高保真纹理的复杂场景。

GET3D 能够利用 AI 算法自动学习和测算的功能，将虚拟空间的特征和元素集合，并根据制片方的要求，自动生成空间仿真环境。因此，GET3D 常被应用于影视剧拍摄过程中虚拟场景的搭建。AIGC 能够根据指令自动生成不同风格、不同形态、不同面积的虚拟场景。在自动生成特定的场景后，制片人只需要对场景效果进行简单的人为干预和优化，便可将场景投入使用。

AIGC 极大地提升了场景搭建的效能，使场景在交互和视觉呈现方面更加生动、逼真。AIGC 以更快的速度和更低的成本生成更加丰富的场景，开辟了在影视创作领域的全新发展路径。

7.3　智能剪辑，升级后期制作

在影视剧制作的过程中，后期制作是一项复杂且精细的工作。AIGC 逐渐成为影片剪辑的得力助手，帮助影视企业提升后期制作的效率和质量。

7.3.1　对象自动识别：智能剪辑影片

AIGC 可以在不需要人工干预的情况下独立完成影片剪辑工作，大幅提升了影片剪辑的效率。AIGC 不仅节约了影片剪辑成本，还大幅提升了影片的清晰度。

众多影视企业将 AIGC 用于视频创作和后期剪辑中，剪辑师的工作也因 AIGC 的出现而发生了改变。显而易见，AIGC 成为助推影片剪辑工作高效开展的关键技术力量。

摄影师需要以抓拍的方式捕捉一些完美时刻，而剪辑师往往需要对摄影师抓拍的视频进行逐帧剪辑，以获得关键镜头，这个工程量十分庞大。而 AIGC 的引入，大幅减少了摄影师和剪辑师的工作量，提升了视频后期制作的效率。

在视频的后期制作中，AIGC 能够基于图像识别技术，自动识别出视频中的内容，搜集和提取符合视频主题的片段，节省收集和整理视频素材的时间。例如，视频中的人物是哪个角色，由哪位演员扮演的，哪里出现了长城的镜头，哪里出现了人物对话，等等。

AIGC 能够分析和理解镜头语言，学习剪辑规则，根据剪辑师输入的文本剪辑视频。例如，剪辑师可以在视频剪辑系统中输入"这是一个由远及近的镜头，节奏慢，色调昏暗；视频主角在第 5 秒入画，第 30 秒出画，动作是推着自行车在巷子里缓慢地前行；主角神情落寞，情绪低沉，眼角不断流下泪水"。AIGC 在对文本内容进行充分的语义理解后，便能够自主学习预先设定好的剪辑规则，对视频进行精剪、拼接和合成，最终生成一段衔接完整的视频片段。

AIGC 能够帮助剪辑师更好地筛选视频素材。例如，一档综艺节目往往需要上百个机位共同录制，录制过程会产生大量的素材，素材和成片的比例大概为1000：1，甚至更低。如果仅依靠人工筛选素材，会耗费大量的时间和精力，而AIGC 可以简化这个流程。

Magisto 是一款强大的 AIGC 视频剪辑软件，其运用了 AI 情绪感知技术，能够自主剪辑出情绪饱满的影片，引发观众的情感共鸣。使用 Magisto 剪辑视频，剪辑师只需要将自己想要剪辑的影片素材、影片风格和背景音乐输入剪辑系统，系统便能够自动生成带有情绪导向的影片。

Premiere Pro 也是一款比较受欢迎的视频剪辑软件，其具备精准的视频色彩匹配功能，能够自主识别影片素材的不同色彩，并将色彩进行统一调整和适配。同时，该款软件能够将视频片段进行自动分类和整合，提升剪辑的效率。

AIGC 视频剪辑展现出突出的技术优势和使用价值，随着 AIGC 不断进步，其将助力视频剪辑工作向更高层次、高质量的方向发展。

7.3.2 内容修复：修复影视内容

西安电子科技大学的一个创业团队致力于老旧影片的修复，他们利用 AI 技术修复影片，使影片焕然一新。截至 2021 年 4 月，该团队已经完成了对 30 余部老旧影片的色彩和画质上的修复。

老旧影片是一个时代的缩影，具备较高的内容价值。但随着时代的发展，老旧影片因色彩和画质不佳被当代年轻人"拒之门外"。针对这一现象，西安电子科技大学的一个创业团队利用 AI 技术，给历史影片"美颜"，让老旧影片重新回到人们的视野中，让更多当代年轻人了解老旧影片的文化传承，挖掘老旧影片的价值。

该创业团队成立于 2019 年，汇集了网络信息、人工智能等专业的 10 名学生。团队成员发挥着各自的知识和技能优势，共同构建起 AI 数据模型库。创业团队利用 AI 对大量的老旧影片和现代彩色影片进行深度学习，根据影片当下呈现的色彩效果推断影片的原始色彩效果，从而完成对老旧影片的色彩修复工作。

老旧影片大多是用胶片存储的，磨损情况较为严重。创业团队不仅需要用 AI 算法对影片局部进行光线平衡和防抖处理，还需要运用上色算法对影片重新上色，对影片的画质进行升级。该团队通过不断迭代 AI 修复技术，完后了对《城市之光》《摩登时代》《罗马假日》《小兵张嘎》《渔光曲》《永不消逝的电波》等老旧影片的修复。同时，该团队还对接了西安电影制片厂等单位，与它们开展校企合作。

对于 AI 修复技术的发展，创业团队有着美好的向往和规划。团队负责人表示，其将带领团队在 AI 影片修复领域深入研究，以打造 AI 修复技术的优势，进一步推动 AI 在影片修复领域的发展。

7.3.3　内容形式转换：影视内容 2D 自动转 3D

3D 影片以逼真的立体感成为电影市场广受欢迎的影片形式。在观看 3D 影片时，观众只需要佩戴 3D 眼镜，便能够获得身临其境的视觉体验。相较于 2D 影片，3D 影片能够更加全面、立体地展现影片场景，给观众呈现更好的画面质感和更加逼真的视觉效果。

但制作一部精彩的 3D 影片往往需要耗费大量的时间和精力，这也成为 3D 影片制作的一大痛点。AIGC 在一定程度上解决了这一问题，使 3D 影片的制作更加简单、便捷、高效。以聚力维度①为例，聚力维度是利用 AIGC 将 2D 影片转换为 3D 影片领域的领军者，也是国内首个能够在一周内完成一部院线级影片 3D 转换的内容制作方。聚力维度创始人赵天奇的创业目标是使 3D 影片占据影视产品市场的大部分份额，成为影片市场的独角兽。

关于 3D 影片的转换，赵天奇早已开展了深入研究。其在读博士时，主攻三维显示方向，利用计算机视觉技术研发出影视制作方面的自动补图功能，以降低 2D 影片向 3D 影片转换的难度和成本。

赵天奇按照 3D 影片的制作流程开发 AI 算法，从底层去理解 AI 算法在影片制作中的应用价值。赵天奇逐渐探索出 AI 技术在 3D 影片制作和转换方面的核心逻辑：首先分析影像的空间关系和分布逻辑，其次生成不同级别的视差图像，最后对图像的生成效果进行检验和优化。

聚力维度研发了对抗认知、时空融合、多级认知等 AI 算法，并于 2015 年年底推出达到 3D 影片生产级别的标准化模型——峥嵘一号。聚力维度持续提升峥嵘一号的性能，并逐渐将业务焦点转移至电视直播领域，致力于实现电视直播节目的 2D 转 3D，并基于 AIGC 衍生技术推出更多 3D 影视新技术和产品。

---

① 聚力维度指的是北京聚力维度科技有限公司。

在不借助 AI 技术的情况下，一个团队制作一部 3D 影片大约需要 24 年。而聚力维度通过峥嵘一号制作一部 3D 影片仅仅需要一周左右的时间，甚至更短。聚力维度不断深入探索影片 2D 转 3D，致力于为影视企业提供智能化的影片 2D 转 3D 技术服务。

聚力维度开启了 3D 影视制作领域的一次新的变革，其大幅提升了 3D 影片的制作效率。聚力维度还与一些互联网视频平台联合打造 3D 影视数据库，极大地丰富了影视资源，为 3D 影片制作产业的爆发提供助力。

为了进一步拓展企业的 2D 转 3D 技术服务业务，聚力维度不断升级 3D 转换技术，为影视企业的广告和影片制作提供 3D 内容转制付费服务。聚力维度不断加强与影视内容运营平台的合作，与影视运营内容平台共建 3D 资源库，共享 3D 资源的版权收益。此外，聚力维度还搭建了峥嵘一号云平台，与 C 端用户直接对接，为 C 端用户提供 3D 内容转制服务。

随着 AIGC 逐渐渗透进入影片制作的各个领域，聚力维度面临着十分激烈的市场竞争。不过，聚力维度多年积累的专业数据是天然的"护城河"，帮助团队形成了强大的竞争优势。

聚力维度专注于 AI 在 2D 影片转 3D 影片领域内的深度应用，给 3D 影片制作产业的发展注入了新的活力。聚力维度计划将 AI 应用于更多的 3D 影片制作环节，在更多细分领域颠覆影片制作行业，助力更加丰富、多样的影视作品诞生。

AIGC+娱乐：边界扩展，带来多重新奇体验

娱乐行业覆盖人们娱乐生活的方方面面，如游戏、音乐等。在当下的数字经济时代，借助 AIGC 技术，娱乐行业得以快速扩展辐射边界，催生多样的娱乐玩法，给用户带来多重新奇的娱乐体验。

8.1　趣味内容生成，激发用户参与热情

不断产出丰富、趣味性的内容是娱乐行业持续发展的关键。AIGC 在娱乐行业的应用，为内容创作者提供了多样的创作手段，生成了更多的趣味内容，激发了用户的参与热情。

8.1.1　"AI 动漫脸"成为破圈利器，引发用户参与

输入关键词、上传一张图片，便可一键生成一张二次元风格的图片。其背后的核心技术是 AI 图片生成。2023 年以来，AI 绘画在社交媒体刷屏，不少社交平台纷纷布局，推出 AI 创作功能。

2022 年 11 月，快手上线了"AI 动漫脸"风格化特效，写实图片可以瞬间转化为二次元风格的动漫图片，同时搭配音乐和动态花瓣效果，二次元氛围感十足。这一功能瞬间点燃了用户的参与热情。上线第 3 天，相关话题便登上快手热榜。仅 11 月 24 日一天，"AI 动漫脸"相关作品数量突破 30 万，播放量超过 4000 万次，成为深受用户喜爱的爆款特效。

借助这一功能，用户可以一键生成二次元图片，了解自己的"动漫脸"究竟是怎样的，还可以用这种形式定格生活中的美好场景，如家人团聚、朋友相会等。众多明星也纷纷尝试，变身漫画中的元气少女、英气逼人的王子等。

"AI 动漫脸"体现了 AI 生成图片技术的发展。但因为当前 AI 在理解图片方面存在偏差，所以生成的 AI 绘画作品也存在一些问题，如将少女转化为狼人、性别识别错误等。用户在快手上创建了"无所谓我会出手驯服 AI"的话题，分享 AI 创作的各种搞笑作品。而一些意料之外的转换结果反而激发了用户的分享欲，

成为新的社交话题。

随着 AI 绘画的火热，AI 绘画小程序不断涌现，并纷纷入驻快手。以 AI 绘画小程序"意间 AI 绘画"为例，自上线以来，该小程序的用户数量持续增长，截至 2022 年 11 月 22 日，注册用户数量突破 1000 万。而在入驻快手之后，意间 AI 绘画也为快手用户解锁了更多玩法。2022 年 12 月，意间 AI 绘画还发起了 AI 绘画创作师大赛，用现金分成、无门槛流量、热榜权益等奖励吸引用户参与，进一步激发了用户借助 AI 工具进行绘画创作的热情。

未来，AIGC 将在内容生成领域持续渗透，这一新兴市场也会吸引更多企业进入。在此过程中，AIGC 将会在娱乐领域更多细分赛道落地应用，生成更多趣味内容。

8.1.2　虚拟偶像内容创作，激发粉丝热情

2023 年伊始，知名虚拟偶像洛天依就在 B 站元旦跨年晚会、央视元宵晚会等各大晚会上频频亮相，登台献唱。在众口难调的娱乐市场中，洛天依凭借与众不同的运作模式，吸引了大量粉丝。

洛天依是一名具有动漫形象和声库，通过声音合成软件生成歌曲的虚拟歌手。其歌曲作品大多数由粉丝创作而成，歌曲创作的作词、作曲、混音、视频制作等环节往往由多人合作完成。当粉丝之间的合作不断巩固并扩大到一定规模后，就形成了创作者社团，能够持续输出内容。

除输出内容外，粉丝创作还完善了洛天依的人设。其灰发、绿瞳、以碧玉为发饰的少女形象，符合大多数受众的审美。而其呆萌、温柔、"吃货"等人设，也是在粉丝不断创作中产生的。洛天依是一名怎样的虚拟偶像？这个问题的答案不是来自官方，而是来自粉丝的创造。

2023 年年初，AIGC 热度飙升让内容创作变得更加简单。AIGC 开始应用于

虚拟偶像相关内容的二次创作。例如，一些粉丝用 AI 绘画工具为虚拟偶像创作插画，生成丰富的图片内容。

AI 驱动的歌声音色转换技术开始流行，多个开源技术落地应用。这些应用基于深度学习，可以根据人们的声音生成 AI 模型，并转换人声，生成与虚拟偶像的声音十分相似的声音，进而创作出多样的音频作品。技术的进步让与虚拟偶像相关的内容创作获得了进一步发展。当前，已经有一些基于虚拟偶像的声音进行创作的 AI 作品出现在视频网站，这让很多虚拟偶像的粉丝激动不已，为粉丝进行内容创作指引了方向。

AIGC 不仅让音频创作更加容易，还让声音更加真实。粉丝只需要一个成熟的 AI 模型，就可以为虚拟偶像创作出音频作品，让虚拟偶像演唱更多歌曲。

除粉丝积极为虚拟偶像的发展增添助力外，一些官方也积极拥抱 AIGC，将 AI 生成技术应用在虚拟偶像的发展中。2022 年 7 月，米哈游旗下的虚拟偶像鹿鸣在 B 站开启首场直播，在半小时的直播中吸引超过 66 万人围观，直播录屏突破百万播放量。在此次直播中，鹿鸣的声音由米哈游旗下的 AI 声音生成应用"逆熵"生成。

从当前虚拟偶像的发展来看，基于高人气的虚拟偶像，推出个性化的 AIGC 工具，赋能虚拟偶像内容创作，是虚拟偶像经纪公司实现破局的一个不错的选择。个性化的 AIGC 工具能够为粉丝创作虚拟偶像相关内容提供工具，提升作品丰富性和质量。同时，AIGC 工具能够有效防止侵权创作情况的发生，规范虚拟偶像 AIGC 内容创作。

8.1.3　短视频内容创作，为创作者提供创意辅助

2023 年 3 月，第四季"好看 CLUB·寻迹古城"活动在太原启动。众多百度短视频创作者齐聚于此，参加了一场别开生面的沉浸式短视频创作大赛。

此次活动邀请了近百位不同领域的百度短视频创作者，让他们以寻迹古城为题进行创作。创作者在古城中感受其传统文化气息，探寻其历史脉络，并用镜头展示古城的魅力，将更丰富的文化知识传播给观众。

值得一提的是，AIGC 在此次活动中展现出了惊人的创作力，为创作者提供了强大的技术支持。由百家号平台推出的基于自然语言处理的 TTV 技术，可以将创作者发布的图文内容自动转化成视频，降低图文内容向视频转化的成本。

AIGC 工具可以为创作者提供更多的创意辅助。例如，当创作者有了想要展示的视频内容，但是想不出自己满意的标题时，可以尝试借助 AIGC 工具生成多个与视频内容相匹配的标题，再从中选择合适的标题进行优化；当创作者想尝试不同的视频风格时，也可以借助 AIGC 工具生成多种风格的视频，从中找到自己中意的视频风格。

凭借 AI 预训练大模型，百度将为各领域的内容创作者提供通用性强、功能强大的 AIGC 工具。百度计划将多项主流内容创作业务与旗下生成式 AI 产品"文心一言"整合，这将推动内容生产方式变革，帮助创作者提高创作效率，提升内容的价值。

8.2 虚拟形象创作，连接虚拟世界与现实世界

在社交、游戏等虚拟场景中，用户往往需要借助虚拟形象开展活动。可以说，虚拟形象是连接虚拟世界与现实世界的桥梁。AIGC 能够帮助用户快速创作出千人千面的虚拟形象。

8.2.1 AI 自动生成虚拟形象，优化体验

2022 年年底，一款名为 Lensa 的软件凭借"魔法头像"功能登上谷歌应用商

店榜首，在各大社交平台刷屏。Lensa 原本是一款图片和视频编辑软件，发展一直不温不火，但在推出"魔法头像"功能后，下载量持续飙升。

"魔法头像"即根据用户提交的原始头像生成风格各异的头像，如图 8-1 所示。其头像生成依赖 AI 模型，用户上传照片后，AI 模型会为用户智能生成不同风格的头像，如科幻风格、动漫风格、油画风格等。

图 8-1　Lensa 生成的头像

除功能单一的 AI 生成头像类 App 外，一些社交平台与游戏中也融入了 AI 虚拟形象自动生成功能。

1. 社交平台

当前，社交平台 Soul 已经推出了自研引擎 NAWA Engine。该引擎融合了 AI、渲染等技术，可以为用户生成虚拟形象提供助力。在虚拟形象生成方面，NAWA Engine 延续了平台可爱、立体的虚拟形象风格，可以帮助用户打造个性化的虚拟形象。

NAWA Engine 具备丰富的表情识别维度，可以对嘴形、眼睛等多个点位进行识别，生成千万种表情形态。NAWA Engine 还可以对眼球转动、吐舌头、鼓腮等动作进行识别，生成更加生动、逼真的虚拟形象。

此外，NAWA Engine 具备较强的渲染能力，使材质渲染和打光更加细腻。基于算法的优化，NAWA Engine 可以更快地生成高质量的渲染效果，使虚拟形象更加美观。

2. 游戏

捏脸是多人在线角色扮演游戏的标配。游戏《逆水寒》率先推出了 AI 智能捏脸功能，用户可以通过输入文字和上传照片，实现智能捏脸。例如，用户输入深色皮肤、黑瞳杏眼、斯文儒雅等描述词，AI 模型便会自动生成相应的角色形象。当前，这一 AI 模型无法识别出更加艺术性的容貌描述，如《红楼梦》中的"粉面含春威不露，丹唇未启笑先闻"。为此，《逆水寒》将引入网易伏羲 AI 实验室研发的大规模预训练模型，让 AI 识别更加智能。

随着 AIGC 应用的拓展，AI 自动生成虚拟形象的相关应用将在社交、游戏之外的更多场景落地，为更多用户提供便利。

8.2.2　Ready Player Me+VRChat：个性化虚拟形象创建

2023 年年初，3D 虚拟形象生成平台 Ready Player Me 推出了使用生成 AI 创建虚拟形象服装的功能。凭借该功能，用户能够以文本形式描绘虚拟形象服装的特征，然后便会得到由 AI 自动生成的对应的服装道具。

Ready Player Me 表示，将在未来推出更多的生成式 AI 功能，让用户能够根据性别、年龄等个性化特征创建虚拟形象。截至 2023 年 2 月，Ready Player Me 已经与许多应用程序、游戏、虚拟世界的开发者达成了合作，为其创建虚拟形象提供技术支持。

例如，Ready Player Me 与虚拟现实游戏 VRChat 达成合作，允许 VRChat 用户通过 Ready Player Me 打造虚拟形象。作为一个深受用户喜爱的虚拟现实游戏，VRChat 支持用户以虚拟化身份探索内容丰富的虚拟世界，用户可以在其中唱歌、跳舞、社交、玩游戏等。而虚拟形象打造的便捷性，也为用户提供了更优质的体验。

VRChat 用户在创建虚拟形象时无须下载软件开发工具包，只需要登录 Ready Player Me 网站并上传一张个人形象照，就能够实现虚拟形象自动生成。虚拟形象生成后，用户还能够通过自定义功能进一步调整虚拟形象。虚拟形象最终制作完成后，用户只需将其导入 VRChat，就可以在 VRChat 中使用这款虚拟形象了。

此外，即使没有个人形象照，用户也可以创建个性化的虚拟形象。Ready Player Me 为用户提供了包括服装、配饰在内的约 200 个自定义属性，满足用户的个性化需求。

8.2.3 AI 生成数字服装和数字潮玩，助推数字时尚发展

2022 年年底，深耕于 AI 生成 3D 内容领域的数字品牌 AVAR 获得新一轮融资。本轮融资的投资方包括奇绩创坛、华创资本、唯猎资本等，远识资本担任长期独家财务顾问。至此，AVAR 已经完成 3 轮融资。

AVAR 的主要业务是 AI 生成 3D 内容，推出受年轻用户喜爱的数字商品，如数字服装、数字潮玩等。用户可以选择不同的商品进行自主搭配，也可以将自己的创意输入 AI 系统。AI 系统会根据用户的创意，智能生成独一无二的数字商品。AVAR 支持用户创建虚拟形象，用户已经购买的数字商品可以"穿戴"在虚拟形象身上。

AVAR 数字服装的应用场景十分广泛，包括帮助明星打造专辑封面、杂志封面等。AVAR 和中国国际时装周合作，携手特步、361°等品牌推出了多款联名款数字服装。此外，AVAR 与舒克贝塔、植物大战僵尸等 IP 也达成了合作，为其设计数字潮玩。

AVAR 业务的开展离不开技术的支持。

在设计方面，AVAR 基于 AI 设计功能，不再需要原画师人工改稿，AI 模型可以批量生成设计稿件。在建模方面，AVAR 不再需要建模师人工建模，而是将建模操作转化为三维编程指令，通过 AI 编程批量生成 3D 模型。在材质方面，AVAR 训练了多种风格的 AI 贴图网络，为 3D 模型赋予独特的材质。在渲染方面，AVAR 渲染可以生成多种艺术风格。

AVAR 拥有一支专业的技术团队，并拥有深厚的 AI 和 3D 技术积累。未来，AVAR 将在数字时尚领域继续深耕，实现持续发展。

8.3 游戏内容创作，AIGC 释放游戏活力

游戏是一项娱乐活动，深受广大受众喜爱。当前，游戏开发商与玩家是游戏内容创作的两大主体，但要想满足玩家不断升级的需求并不容易。AIGC 释放了游戏活力，为游戏内容创作带来了新机遇，让游戏内容实现了智能生产。

8.3.1 ChatGPT 游戏应用指引游戏 AIGC 创作模式

ChatGPT 的诞生为游戏行业内容创作带来了新的想象，游戏剧情设计、模拟对话、游戏海报润色等工作都可以借助 ChatGPT 完成。

具体而言，ChatGPT 在游戏中的应用包括两个方面。一方面，ChatGPT 可以帮助游戏开发商快速创建游戏文本内容，如游戏角色对话、任务描述等；另一方面，ChatGPT 可以帮助游戏开发商创建更加丰富的游戏内容，即通过学习文本数据模拟游戏角色间的关系与情感。总之，其将提升游戏的质量与内容的丰富性。

ChatGPT 在游戏中的应用为游戏行业引入 AIGC 创作模式提供了指引。游戏剧本创作、社交系统创建、游戏测试等工作，都可以交给 AI 完成。而在游戏 NPC

（非玩家角色）方面，融入 AI 的 NPC 将变得更加真实。

当前，NPC 的活动都是提前设定好的，被触发后产生对话或行动。而 AI 可以自动生成 NPC 的人设，并设计更自然、内容更丰富的对话，让沟通更加顺畅。同时，基于 AI 的支持，游戏中玩家与 NPC 的对战将变得更加真实。AI 通过积累游戏对战数据，可以模拟出更加专业的战斗状态，让游戏中的对战更具真实感。

AIGC 与游戏的结合将催生更多机遇，赋能游戏内容创作，已经有不少公司在这方面进行了布局。例如，完美世界[①]将 AI 运用到 NPC 打造、游戏场景建模、游戏绘图等多个环节；网易将在旗下游戏《逆水寒》中上线融合游戏场景与游戏机制的智能 NPC，智能 NPC 能够与玩家自由交流，并随机生成任务与关卡。

随着这些公司的积极布局，AIGC 将颠覆游戏创作模式，获得更好的发展。

8.3.2 AIGC 游戏创作平台成为发展新方向

在游戏领域，AI 主要应用在自然语言处理、计算机视觉等方面。经过模型训练后，AI 能够智能生成规模化的内容模块。例如，在自然语言处理方面，不少游戏公司都已经实现了通过文字输入生成游戏剧情、AI 合成动画资源等。

AIGC 在游戏中的应用大有可为，很多公司都将 AIGC 融入游戏制作流程。对于游戏公司来说，打造 AIGC 游戏创作平台是一个有前景且能够长期深耕的发展方向。

2022 年 1 月，聚焦"AIGC+游戏"的公司理想爱豆（深圳）科技有限公司（以下简称"理想爱豆"）HyperNET 成立，主要业务是进行 AIGC 游戏创作平台的研发与运营。

理想爱豆在研的产品 HyperNET 平台可以实现游戏智能创作、结合用户画像个性化推荐等，丰富用户的游戏体验。HyperNET 平台包括以下 3 个核心功能，

---

① 完美世界指的是完美世界股份有限公司。

如图 8-2 所示。

图 8-2　HyperNET 平台的核心功能

1. 游戏创作平台

HyperNET 平台支持用户通过语音或文字生成个性化的游戏内容。游戏内的 NPC 具备 AI 智能，在游戏中学习并进化，能够与用户进行情感互动。游戏关卡通过 AI 生成，AI 模型可以对热门游戏关卡进行分析，生成受用户欢迎的关卡内容。

2. 大数据分析平台

大数据分析平台可以为游戏创作平台提供海量数据，并根据用户的游戏行为分析游戏内容的健康度，给出游戏评估的打分指标。分析结果可以为 AI 模型的持续训练提供数据支撑，进而生成更加优质的游戏内容。

3. 渲染集群

渲染集群对 AIGC 生成的游戏内容进行二次加工润色，提升游戏渲染效果和流畅度。

当前，虽然 HyperNET 平台还处于研发中，但 HyperNET 平台的这种尝试无疑引领了游戏行业发展的新潮流。游戏公司集结优秀的游戏开发人员、AI 专家等打造 AIGC 游戏创作平台，或将在未来成为趋势。

8.3.3　布局方向：自研模型+第三方模型

自 2023 年以来，多家公司宣布入局 AIGC，其中不乏一些游戏公司。不少拥有丰富研发经验的游戏公司，正在尝试将 AIGC 技术融入旗下游戏产品。这将帮助游戏公司提高游戏质量和用户体验。

目前，宣布入局 AIGC 的游戏公司主要有两种布局路径：一种是自行研发 AI 模型和相关技术；另一种是接入第三方模型，例如，百度旗下的基于文心大模型的生成式对话产品"文心一言"。

其中，选择自行研发 AI 模型的公司主要有腾讯、网易等。腾讯在 AIGC 领域已有布局，基于自身在 AI 大模型、机器学习算法等方面的技术储备，进一步探索 AIGC 应用。腾讯推出的"混元 AI 大模型"，涵盖了自然语言处理、计算机视觉等基本模型和众多行业模型，为微信、腾讯广告、腾讯游戏等多方面的业务提供支持。

网易虽未公布旗下 AI 模型的名称，但已经明确表示早在 2018 年便已启动生成式预训练模型的研究工作，将在未来持续增加研发投入，加快 AIGC 相关产品的突破。在应用方面，网易有道已经接入 AIGC 技术，在 AI 口语老师、作文批改等方面尝试应用。

此外，一些游戏公司选择接入第三方模型。在百度公布"文心一言"的产品信息后，不少游戏公司都表示将接入这一产品，成为百度的合作伙伴。另外，也有游戏公司接入 ChatGPT 的应用程序接口，进行产品测试。接入第三方模型的公司具体如表 8-1 所示。

表 8-1　接入第三方模型的公司

公司	底层模型	发展方向
巨人网络	将接入"文心一言"	将借助"文心一言"的技术能力，与百度展开深度合作。将打造完善的游戏行业解决方案，并将其应用于游戏营销、游戏 NPC、游戏设计等业务中

公司	底层模型	发展方向
中手游	将接入"文心一言"	将借助"文心一言"技术能力，在旗下游戏《仙剑世界》中引入可智能交互的 NPC
天娱数科	将接入"文心一言"	天娱数科在虚拟数字人等方面已经有所探索，未来将借助"文心一言"的技术能力，打造更加智能化的解决方案，在虚拟主播、智能客服等方面拓展应用
汤姆猫	接入 OpenAI 旗下 ChatGPT 的应用程序接口，进行语音互动功能的测试	公司已借助 ChatGPT 模型进行 AI 交互产品的测试，应用范围包括"汤姆猫家族"IP 下的各款游戏。目标是将"会说话的汤姆猫"升级为"会聊天的汤姆猫"

无论选择自研模型还是接入第三方模型，都展现了游戏公司对 AIGC 的重视。当然，市场中还有一些游戏公司并未表态，处于观望之中。但随着 AIGC 的发展和 AI 模型应用的普及，市场中布局 AIGC 的游戏公司将会越来越多。

8.4　音乐内容制作，更新音乐体验

在音乐领域，AI 生成背景音乐、创作歌曲等将成为现实，AIGC 将引起音乐内容创作方式的变革。AIGC 还将助力元宇宙音乐会的打造，为观众带来全新视听体验。

8.4.1　微软 AI 模型：AI 生成多种音频文件

2022 年年底，微软申请了一项用于编写乐谱的 AI 模型的专利。这项技术能够为游戏、电视节目等制作音乐、声音和其他音乐元素。

这项技术落地应用后，利用 AI 为游戏创作音乐将成为现实。在游戏中，场景不同，玩家表现不同，背景音乐和音效也不同。但当前游戏中使用音乐的一般是人工提前编辑好的固定音频，在玩家触发后播放。而该 AI 模型可以以视觉、音频等作为调控参数，生成更加多样的游戏音乐。其能够根据玩家的不同表现创作出个性化的音效，即使是体验同一款游戏，不同玩家在游戏中获得的音乐体验是不同的。

微软对该 AI 模型进行了介绍，表示其能够分析人们的情绪、表情、所处环境等，并结合图文信息，生成与游戏画面、电视画面等相匹配的音频文件。同时，该 AI 模型可以根据不同的场景制作不同的背景音乐，如为游戏角色的登场设计一段大气磅礴的管弦乐、在游戏角色死亡时设计一段悲伤的音乐等。此外，在音效方面，该 AI 模型可以让游戏、电视节目中的爆炸声、打斗声等更加真实。

虽然这项技术还没有真正投入使用，但依据微软的描述，我们可以想象，在不久的将来，AIGC 在音乐内容制作方面将获得更大发展。

8.4.2　AIGC 助力 AI 歌曲创作

2023 年 3 月，QQ 音乐上线了 AIGC 黑胶播放器，这款播放器可以根据用户输入的文字或图片，生成不同风格的播放器，从而推动了播放器设计的创新。而在歌曲播放方面，AIGC 不仅可以生成播放器封面，还可以实现歌曲的智能创作。

在 AI 歌曲创作方面，昆仑万维打造了 StarX MusicX Lab 音乐实验室，并依托专业的音乐制作和海外发行能力，向全球市场输出高质量的 AI 音乐。StarX MusicX Lab 音乐实验室已在 Spotify、网易云音乐等国内外音乐平台发行了近 20 首 AI 生成的歌曲。

同时，StarX MusicX Lab 音乐实验室的 AI 作曲业务实现了商业化落地，与时尚、游戏等不同行业的多家公司达成合作。

例如，StarX MusicX Lab 音乐实验室与 AI 数字人神经渲染引擎"倒映有声"

合作，推动动漫 IP "魔鬼猫" 数字分身以虚拟艺人的身份推出 AI 歌曲。这首节奏鲜明、旋律动听的 AI 歌曲《橘子果酱》（*Orange marmalade*）一经上线，就受到了歌迷的称赞。

此外，StarX MusicX Lab 音乐实验室还着眼文旅领域，为 "故宫以东" 文旅项目提供技术支持。StarX MusicX Lab 音乐实验室将大量民族音乐数据用于 AI 模型训练，并进行创作风格校验，让 AI 打造出具有中国风的优秀音乐作品。

随着 AI 技术的发展与完善，AIGC 将成为音乐内容创作的主流。昆仑万维以 StarX MusicX Lab 音乐实验室推出 AI 歌曲，给音乐内容创作带来了巨大想象空间。未来，AI 音乐的落地场景将进一步丰富，助力虚拟 IP 运营、品牌数字营销等。

8.4.3　百度元宇宙歌会实现 AIGC 创新

虚拟数字人、AIGC、沉浸式互动，当这些潮流元素汇聚在一起，将碰撞出怎样的火花？2022 年 9 月，百度元宇宙歌会顺利开启。此次歌会以直播的形式，在百度 App、爱奇艺、微博、B 站等平台同步播出。此次歌会由百度推出的 AI 数字人 "度晓晓" 担任 AI 制作人。歌会内容包含演唱 AI 创作的歌曲、AI 修复画作《富春山居图·合卷》等，赢得众多网友点赞。

此次歌会的成功，离不开 AIGC 的应用与创新。百度将 AI 融入歌会的诸多环节中，如作曲、编舞、舞台设计等。度晓晓与真人明星同台亮相，实现了虚实互动。

作为 AIGC 的典型形态之一，度晓晓在歌会现场展现出了超强的唱跳能力和沟通互动能力。歌会全程由度晓晓主持，在直播过程中，度晓晓还与观众实时互动，回复观众的评论。

歌会的节目是由 AI 创作的。例如，歌会中的歌曲节目《最伟大的 AI 作品》，是度晓晓在百度文心大模型的支持下，学习了许多说唱歌曲后创作的。

百度对度晓晓的形象及能力进行了升级。用户可以在百度 App 中与度晓晓实时聊天，度晓晓可以直接用语音回复用户。未来，随着度晓晓的升级，更多数字人交互方式将被解锁。

除此次元宇宙歌会外，百度还推出了多项 AIGC 技术应用。例如，将数字人技术与 AIGC 视频生成技术、语音合成技术相结合，为用户提供更加智能的数字人应用；通过文心大模型为用户提供 AI 视频创作、AI 音乐创作助手，推动 AI 内容创作的繁荣。

AIGC+教育：双管齐下，推动教育"数智"转型

随着 AI 应用范围的不断扩大，AI 逐步渗透进入教育领域。AI 的进入，将会颠覆传统的教学模式，推动教育向着数字化、智能化方向发展。在 AIGC 的助力下，教学主体、教学工具、教学场景走向虚拟化，给学生带来全新的教学体验。

9.1　AIGC 推动教育数字化转型

AIGC 为教育数字化转型提供了巨大的动力，从教学模式到教学环境，都发生了重大改变。教师的教与学生的学会更加数字化、智能化、个性化。

9.1.1　数字化工具变革教学模式

随着技术的发展，许多数字化工具诞生。数字化工具变革了教学模式，教师摒弃传统的讲评式授课模式，与学生一起探索知识。当学生在学习过程中有疑问时，可以借助数字化工具进行问题探究，培养独立解决问题的意识。

例如，为了保证阅读量，学生可以使用 AI 伴读阅读文章。AI 伴读十分便捷，只需要一个 App 与配套支架，学生便可以进行阅读。AI 伴读具有以下优点：

（1）AI 伴读的操作十分便利。学生只需要用手机扫描图书，便可以收听相对应的音频，而且学生翻页到哪里，AI 伴读就会读到哪里，即便没有教师、家长的陪伴，学生也能够独立阅读。

（2）音频标准。AI 伴读可以识别出学生手指指出的知识点，并下载相对应的音频资料进行播放。AI 伴读系统中的英语音频发音十分标准，学生可以在音频的指导下学习。

（3）能够生成专属的学习报告。伴读 AI 能够对学生的阅读数据进行分析并生成学习报告，让教师、家长及时了解学生的阅读情况。

（4）保护视力。AI 伴读以纸质书本为主体，辅以手机播放的音频，能够避免学生频繁观看屏幕而损伤视力。

联想推出了一款可以将学生带入虚拟世界的未来黑板 HoloBoard。未来黑板 HoloBoard 拥有沉浸式投影、高精度动作捕捉等技术，相比于普通黑板，其有以下优点：

（1）未来黑板 HoloBoard 能够做到裸眼全息，实现沉浸式互动。在应用了未来黑板 HoloBoard 的课堂中，学生无须佩戴头显设备，裸眼便能够享受到沉浸式的体验，完成虚实结合的活动，提升学习的趣味程度。例如，学生在课堂进行微观原子世界的三维建模时，只要用手按压屏幕，就可以建立一个 3D 原子模型。模型的大小由按压的强度决定。在三维建模中，学生借助弹性触觉反馈技术，能够获得真实体验。

（2）未来黑板 HoloBoard 能够通过全息网真技术打造全息教师。由于地域的限制，偏远地区的学生往往无法拥有优质的教育资源，而未来黑板 HoloBoard 能够借助屏幕将教师带到千里之外。全息教师的外表与真人教师无异，能够实现面对面授课，打破了地域的局限，促进教育公平。

（3）未来黑板 HoloBoard 能够将学生带入虚拟的世界。在虚拟世界中，学生可以化身宇航员，身临其境地遨游太空。学生与教师还可以在虚拟世界中互动，真实地感受周围的世界。

未来黑板 HoloBoard 能够借助先进技术带领学生进入虚拟世界，增强课堂趣味性，调动学生学习的积极性。未来黑板 HoloBoard 变革了学生与教师的关系，教师不再局限于单向地传授知识，而是与学生共同探索知识海洋。

9.1.2　搭建更加智慧的教学环境

教学环境是影响教学效果的重要因素，教育数字化转型能够使教学环境更加智慧，教学效果更加显著。在教育数字化转型过程中，搭建更加智慧的教学环境成为重点。许多企业深耕教育行业，以技术搭建更加智慧的教学环境。

例如，锐捷网络[1]提出了"1+N"智慧教学环境解决方案，致力于实现教学环境的简单易用、场景融合，如图9-1所示。"1"指的是智慧教学交互系统，"N"指的是场景化方案子系统，二者相互助力，共同构建新形态智慧教学环境。

图9-1 智慧教学环境解决方案

1. 智慧教学交互系统打造良好的教学体验

智慧教学交互系统由智慧云黑板、智慧云大屏、UClass教学工具与云OPS（运维）构成，能够为教师、学生带来更多便利。

对于学生来说，智慧云大屏能够使学生获得卓越的视听效果，莱茵低蓝光与零频闪能够保护学生视力。

对于教师而言，智慧云黑板支持通屏粉笔书写，带给教师良好的书写体验；智慧云大屏搭配UClass教学工具，能够做到多端协同，随时调出授课资料。同时，UClass教学工具还具有扫码功能，能够帮助教师进行考勤统计，掌握学生出勤情况。

对于运维人员来说，设备出现故障时，运维人员可以通过批量系统镜像下发功能实现远程运维，无须到达现场，能够提高运维效率。

2. 场景化方案子系统实现教学创新

锐捷网络构建了以学生为中心的智慧教室，搭配多屏协作研讨系统。智慧教室配备了由小组屏幕与可移动桌椅构成的小组信息岛，方便学生交流合作。每个大屏都搭配了教学智能终端系统，能够实现大屏与小组屏的灵活切换，教师既可以一键切换教师屏，也可以下发权限让学生进行自主讨论。智慧教室实现了课堂

---

① 锐捷网络指的是锐捷网络股份有限公司。

结构变革，从以教师为中心的讲评式课堂，到以学生为中心的研讨型课堂，能够实现个性化、小班化教学，提高学生的知识吸收效率。

智慧教室还搭载了智能音视频系统，支持线上、线下两种教学模式，能够满足同步教学、直播课、录播课、巡查课堂与督导 5 个教学需求。教师可以一键发起多方音视频互动教学，使教学打破时空界限，做到跨班级、跨校区、跨网络。

智慧教室具有教学信息辅助功能，满足了学校在线巡课、教学活动实时播报等要求。AI 还可以精准分析师生教学模式、师生教学参与情况，让学校能及时了解班级情况。

3. UClass 智慧教学平台实现教学管理

UClass 智慧教学平台能够对教学进行全流程管理，课前可以帮助教师设计教学活动，课后可以实现对测试、课后作业的批改、管理，提高教师的教学效率。

UClass 智慧教学平台支持分角色呈现数据，对于教师，其提供全面的学情数据；对于教务人员，其提供整体的教学情况数据；对于管理者，其提供全校教学运行数据，满足不同角色的需求。

4. AI 智能运维，避免教学事故

锐捷网络提供 AI 智能巡检，能够检测常见设备故障并定位，15 分钟内能够巡检超过 300 个教室，解决人工运维效率低下的问题。AI 智能巡检过后还会自动分析运维数据，避免教学事故发生。

总之，锐捷网络的智慧教学环境解决方案打破了传统教与学的方式，为学生、教师提供了更加智慧的教学环境。未来，锐捷网络将继续深入探索智慧教学环境解决方案，不断推动教育朝着数字化、智能化的方向发展。

9.1.3 智慧校园解决方案：为校园筑起安全屏障

校园安全事故会影响学生的正常学习和人身安全，也会扰乱学校的教学秩序，学校需要从多方面入手，提高学生的人身安全保障。AI、大数据、物联网等智能技术的发展，催生了智慧校园解决方案，为校园安全建设提供助力。

智慧校园指的是借助 AI、云计算、大数据等技术，实现校园工作、学习与生活智能化的校园环境。智慧校园系统由智能宿舍、智能食堂、智能人脸门禁、智能实验室、智能考勤、智能访客六大管理系统组成。这些管理系统借助 AI 人脸核验技术、访客管理功能和智慧校区安全管理体系，共同为校园安全筑牢屏障。

1. AI 人脸核验技术

AI 人脸核验技术借助人脸抓拍和人脸识别通道闸对学生的脸部进行核验，实现学生快速刷脸通行。同时，家长与教师还会收到学生的通行记录，及时掌握学生的动态。

智慧校园系统还会在学校门口、宿舍门口等重要通道部署人脸识别动态预警系统，为校园安全提供全方位的保障。

2. 访客管理功能

智慧校园具有访客管理功能，能够对访客进行严格管理。无论是家长探访学生，还是校外人员来访，都需要利用身份证进行身份验证，并进行注册，在获得权限后，才可以刷脸通行。

3. 智慧校区安全管理体系

智慧校区安全管理体系以人脸识别技术为基础，对校外人员进行实时监控，还能够将抓拍的人像转化为人脸标签数据。AI 摄像机能够识别人员聚集情况，当发生人员聚集或发现可疑人员时，系统会及时通知值班人员。同时，智慧校区安全管理体系还具有数据检索、查询等功能，对校园周围的人员进行追溯，致力于打造平安校园。

智慧校区安全管理体系还使用了 AI 智能视频分析技术，安保人员可以实时查看学校围墙内外、学生宿舍、学生餐厅等地的情况，及时掌握校园环境变化。

在智慧校园解决方案的助力下，学校能够在节省安保人力的情况下，实现校园环境全监控，保障学生的安全。未来，AIGC 将会在更多方面赋能校园安全建设，让更多学校实现从平安校园到智慧校园的转变。

9.2 AIGC 推动教育智能化变革

AIGC 为教育赋能，推动了教育智能化变革。AIGC 能够智能生成 3D 场景，为学生带来沉浸式体验；教师能够借助 AI 分析实现个性化精准教学。在 AI 的帮助下，教学模式得到了创新，教育质量得到了提高，学生的学习体验进一步提升。

9.2.1 智能生成 3D 场景，实现虚实交互

3D 虚拟现实技术能够应用于教学活动中，智能生成 3D 场景，给学生带来虚实交互的体验。3D 虚拟现实技术具有沉浸性、交互性的特点，能够生成更加逼真的虚拟环境，使学生获得身临其境般的体验，更好地理解知识。

3D 虚拟现实技术在教育领域的应用十分广泛，主要有以下两个优点：

一是 3D 虚拟现实技术能够为学生打造具有真实感的学习环境，提升学习效率。学生在具有真实感的环境中学习，能够主动、完整地体验学习过程。在 3D 场景中，立体的教学内容更容易吸引学生，使学生能够长久地集中注意力，发现

学习的趣味。

二是 3D 虚拟现实技术能够调动学生参与课堂的积极性，学生由被动转向主动，能够更好地融入课堂，与教师进行交流、讨论。学生参与度的提升，也有助于学生学习成绩的提升。

3D 虚拟现实技术将会对传统教学模式产生冲击，并变革传统教学模式，实现教学方法的创新，培养出复合型人才。3D 虚拟现实技术主要应用在虚拟校园、虚拟实验室、网络教育虚拟教室等方面。

1. 虚拟校园

虚拟校园即借助 3D 虚拟现实技术、三维建模等技术，生成与真实校园场景一模一样的虚拟学习环境。无论是校园的围墙，还是内部的门窗、走廊、灯光，都能够通过 3D 虚拟现实技术整合在计算机网络中。虚拟校园中也有学习资源，这些学习资源都是电子书籍，经过扫描仪扫描后数字化存储在虚拟图书馆中。学生只要进入虚拟图书馆便可以浏览所有的电子书籍，就如同现实中阅读书籍一样。学生还拥有自己的虚拟图书馆，如果看到自己感兴趣的电子书籍，便可以借阅到自己的虚拟图书馆中自由阅读。

2. 虚拟实验室

在现实教学活动中，许多需要学生通过实验习得的知识仅能由教师通过理论讲述传授给学生。原因一是部分实验设备过于昂贵，不能够提供给学生使用；原因二是某些实验过于危险，存在安全隐患，学生无法亲身参与。

而虚拟实验室可以满足学生参与各种实验的需求。学生不再受到时间、地域的限制，只要设备安装了虚拟实验室，学生便可以进行操作，提高了学习自由度。而且在虚拟环境中进行实验操作，能够避免安全隐患，保护学生的安全。学生不需要考虑现实的种种制约因素，可以尽情开展实验，提高对学习内容的理解，培养学习兴趣。

3. 网络教育虚拟教室

网络教育因能够突破时间、地点、成本的限制，且具有灵活性，而受到人们的关注。然而网络教育也受到了不如线下面授的质疑，人们认为，网络教育无法提供真实的学习氛围，因此无法获得理想的教学效果。

3D 虚拟现实技术能够解决这些难题，教师能够借助 3D 虚拟现实技术出现在虚拟教室中，为学生授课。学生在虚拟教室中能够体验真实的学习氛围，获得传统网络教育无法实现的学习效果。

3D 虚拟现实技术为教学提供了全新的工具，带来了全新的生机与活力。未来，随着 3D 虚拟现实技术在教育领域的应用不断深入，更多虚实交互的 3D 场景将会出现，能更好地满足教育行业日益增长的需要。

9.2.2　AI 分析实现个性化精准教学

在教学中，教师往往采取班级授课的方式，然而班级授课具有课堂效率低下、教师无法照顾到每位学生、学生无法全部参与教学活动等弊端。随着 AI 在教育领域的应用更加广泛，这些问题得到了解决。AI 能够对学生数据进行精准分析，并结合学生的课堂表现推出测评报告，帮助教师了解每位学生的情况，实现个性化精准教学。

例如，某位初中教师运用坚知果 AI 智慧课堂进行课堂讲授，实现个性化精准教学。该教师在授课前，利用坚知果 AI 智慧课堂的"一键组卷"功能对学生的学习情况进行课前测验。通过测验，该教师可以了解学生的预习情况，并据此调整适合班级的教学目标与教学重难点，做到精准授课。在讲解课前测验题目时，该教师可以了解学生的易错题目，实现精准讲解，还可以根据作答情况进行针对性提问，检验学生是否掌握了薄弱知识点。

在讲解完知识点后，该教师可以使用试卷检验学生对于知识的吸收程度。学生在纸质试卷上作答，该教师利用扫描仪对试卷进行扫描便可以获得学生的成绩，了解学生的学习情况。该教师会根据学生的成绩布置作业，帮助学生进行个性化精准复习：全对的同学完成必做作业即可，出错较多的同学在完成必做作业后还需要完成其他复习巩固作业。

对于 AI 在教学中的应用，许多教师十分满意。有些教师表示，以往的教学需要依靠经验，需要教师手动记录筛选出错误率高的题目，而如今借助 AI 分析，教师能够看出整个班级学生的共性问题，也能看出某位学生的个人问题，再根据学生的个人情况进行针对性的教学调整。借助 AI 的精准分析，教师不再是"广撒网"式教学，而能够做到精准讲解，提高教学效率和学生学习效果。

有些教师认为，数字化更能实现因材施教的目标。一个班级往往有几十名学生，想要顾及每一位学生，教师的时间和精力都不够。借助 AI 分析，学生的点滴成长都会被记录下来，教师可以根据学生的学情数据有针对性地给予指导、布置作业，真正做到因材施教。

AI 在教育领域获得了深入发展，越来越多的教师在课堂上使用 AI 助手。在 AI 的助力下，教师能够对学生进行多样化、个性化的教学，在有限的课堂时间中，发挥更大的教学价值。

9.2.3 网易有道：尝试将 AIGC 在教育场景落地

目前最火热的话题非 ChatGPT 莫属，人们在各个社交软件中热烈地讨论 ChatGPT，股市中与 ChatGPT 相关的概念股价格飙升。在这样的背景下，国内外的大型企业十分看好 ChatGPT，积极布局 AIGC，推动它与各个领域的加速融合。

ChatGPT 有着天然的教育"基因"，因此与教育行业的融合十分自然。ChatGPT 是一款聊天机器人，需要解答用户的各种问题，而教师在教学中也需要解答学生的疑问。因此，ChatGPT 可以作为教学辅导工具，辅助教师解答学生的疑问，提高教师教学效率和学生学习效果。

作为教育行业的领先企业之一，网易①率先发力，尝试借助其子公司网易有道将 AIGC 在教育场景落地。网易的这个决定并不是一时兴起，而是之前已经采取举措的质变。网易是最早布局 AIGC 的互联网企业之一，早在 2018 年就进行了 GPT 模型研究，研发出了数十个预训练模型，覆盖了多个领域。

在游戏领域，网易推动 AIGC 与游戏相结合，创立了网易伏羲与网易互娱 AI LAB 两个 AI 实验室，并且有相关应用落地。截至 2023 年 2 月，两个 AI 实验室拥有超过 400 多项发明专利，持续用技术赋能游戏内容开发。

在音乐领域，网易借助网易云音乐打造 AI 创作工具，持续进行 AI 词曲编唱、AI 歌声评价、AI 乐谱识别技术等的研发工作。其中，AI 歌声评价、AI 乐谱识别技术超过国际先进水平。

在教育领域，网易借助网易有道布局 AI 产业多年，在多个关键技术上取得了傲人的成绩，包括计算机视觉、智能语音 AI 技术等。网易有道词典为用户提供了免费优质的翻译服务。同时，网易有道还为其词典笔、AI 学习机等产品提供了教育知识问答平台，为学生答疑解惑。

网易有道还具有问答机器人等功能，能够为用户提供个性化的信息服务。问答机器人能够对动漫、教育等垂直领域进行精准问答，满足用户的知识检索需求。

网易的探索并不止于此，2023 年 2 月 8 日，根据媒体报道，网易有道的 AI 研发团队已经投入 ChatGPT 的同源技术 AIGC 的研发中，尝试将 AIGC 技术在教育场景落地。该团队尝试将 AIGC 技术应用于 AI 口语教师、中文作业批改等场景，有望尽快推出 Demo 版产品。

网易有道表示，AIGC 技术在教育场景的落地应用将是一次颠覆性的创新，探索 AIGC 技术在学习场景中的落地，能够加深技术团队对于 ChatGPT 的理解。

---

① 网易指的是网易公司。

随着新一轮技术革命开启，积极拥抱新技术已经成为教育进一步发展的必然趋势。有实力的教育企业将会凭借其强大的自主研发能力，赋能教育行业，创造出更大的价值。

9.3　更新体验：教学与学习体验的双重更新

"AIGC+教育"能够使教学与学习体验双重更新。对于教师来说，AI 能够辅助其完成备课、教学和作业批改；对于学生来说，AI 虚拟教师能够带来全新的教学体验。

9.3.1　AIGC 赋能教师：辅助备课、教学和作业批改

教师的工作不仅包括课堂教学，还包括课前备课、课后作业批改等，在多项繁复的工作下，教师往往筋疲力尽。而 AIGC 的出现，能够辅助教师进行备课、教学和作业批改，提高教师的工作效率。

好未来利用先进 AI 技术提出了"GodEye 课堂质量守护解决方案"（以下简称 GodEye），赋能教师培训、教师备课和教学。

好未来是 AI 赋能在线教育的代表，借助 AI 实现教师培训。在过去，教师往往需要独自在空无一人的教室中反复说课，以提升教学质量，但这样的练习模式很难使教师明白自己还需要在哪方面提升。而 GodEye 能够对教师授课过程中的状态进行分析，从互动、举例、肢体动作等维度进行测评，提升教师的授课能力。

例如，GodEye 能够通过人体姿势识别系统识别教师在讲课过程中的手势、动作，肢体动作丰富的教师会得到较高的评分，肢体工作僵硬的教师则会被提

醒改进。口语指标则是检测教师的表达中是否有一些重复的词汇或者不必出现的词汇，帮助教师注意自身的表达。在 AI 的帮助下，教师的教学能力将得到提高。

在课堂上，AI 也能够进行实时监控，对学情进行分析。在线上课堂中，GodEye 会从师生问答、讲题、错题纠正、思维导图、课堂笔记、学生练习 6 个维度对课堂中师生的行为进行分析，并形成学习报告。例如，在师生问答环节，AI 会根据师生的问答情况，对问答质量进行评分，师生的对话内容越多、越深刻，问答评分越高。

AI 形成的学习报告可以帮助学生了解自己的学习情况、学习的薄弱点，还可以帮助教师优化教学策略，提高自己的教学质量。

在学校中，如果学生刚刚做完一套试卷，教师立即进行批改，那么便可以很快对这套试卷进行讲评。由于学生刚刚做完试卷，对试卷的题目记得很清楚，因此这时讲评效果最好。如果教师一个星期或半个月后批改讲评试卷，那么学生早已遗忘了试卷中的题目，讲评效果会大打折扣。

作业批改是教师的日常工作之一，是教师检验学生知识吸收程度的重要手段。作业批改工作如此重要，教师如何高效地完成呢？这就需要 AI 技术的帮助。

OK 智慧学习作业平台搭载了 AI 技术，可以实现自动批改客观题目、自动统计分析数据，提高教师的作业批改效率。在使用 OK 智慧学习作业平台的过程中，教师可以给学生提供丰富的反馈。例如，教师可以用语音评讲学生的作业，这样更生动、直观，效果更好；教师可以录制试题讲解视频，针对性地对学生的学习进行指导，提高学生学习的积极性。教师还可以通过该平台了解学生的学习情况，实现分层教学与个性化辅导。

总之，AIGC 技术能够在多个方面赋能教师，提高教师的教学水平。但教师在使用 AI 工具时也需要牢记，AI 仅仅是辅助手段，要想真正提高教学水平还需要自身能力强。

9.3.2　AIGC 赋能学生：AI 虚拟教师带来全新教学体验

AIGC 能够打造 AI 虚拟教师，给学生带来全新的课堂学习体验，赋能学生。在课堂上，AI 虚拟教师可以与学生进行互动，为学生讲解知识；课后，AI 虚拟教师可以为学生提供个性化的学习辅导。

AI 虚拟教师在实际中已经有所应用。威尔（Will）是世界上首位 AI 虚拟教师，在奥克兰一所学校授课，为学生讲解可再生能源方面的知识。

在课堂上，威尔为学生讲述了关于风力漩涡机、太阳能等可再生能源的知识，学生可以在威尔讲解的过程中与他进行互动。威尔搭载了人工神经系统，可以对学生的答案和肢体动作做出回应，还可以识别学生对所学内容的理解程度，做出更合理的教学规划。威尔与其他人工智能十分不同，威尔能够与学生进行双向互动，如同真实的人类。在教学方面，威尔发挥了重要作用。

国内一些机构也积极研发 AI 虚拟教师。2022 年 2 月，河南开放大学推出了首位 AI 虚拟教师"河开开"。河开开的形象是通过采集河南开放大学中多位女教师的形象并利用人脸识别、数字建模等技术合成的，主要功能是给学生答疑、担任助教和进行协同教学，减轻真人教师的负担。

在教育行业，许多教育机构也推出了 AI 虚拟教师，采取"AI 虚拟教师+本地教师辅助授课"的教学模式，在课堂中穿插互动小游戏，增加学生的学习兴趣。例如，小熊美术[①]将视觉识别、语音识别、机器学习等多种技术应用在课程上，将课程与游戏相结合，提升学生学习的积极性。

与传统课程相比，配备 AI 虚拟教师的 AI 互动课优势更为突出：一是能够在课堂中穿插互动，增强了课程的互动性；二是闯关模式的设计可以持续吸引学生的注意力，培养学生的坚持性；三是 AI 虚拟教师的标准化程度高，能够保证课堂

---

① 小熊美术是为全球少儿提供系统性美术专业课程的智能学习平台。

质量，解决师资不足的问题；四是 AI 虚拟教师能够根据学生对于教学内容的掌握情况及时调整教学进度，以学生理解知识为主要目的。

总之，AI 虚拟教师具有真人教师无法比拟的优势，能够做到智能化、个性化教学。未来，AI 虚拟教师将会大量应用于教学实践，推动教育行业数字化发展。

第 10 章

AIGC+工业：工具革新，工业设计模式迭代

AIGC 已经逐渐渗透工业设计领域，促进工业设计工具的革新和工业设计模式的迭代。同时，AIGC 拓宽了工业设计的场景和维度，帮助设计师重新构建了工业设计的商业化模式。

10.1　AIGC 为工业设计提供工具

AIGC 为设计师提供了更加完备的智能化工具，帮助设计师制订更加科学的工业设计方案。AIGC 突破了工业设计想象力的边界，提升了工业设计的价值。

10.1.1　AIGC 为设计师提供工具，辅助内容设计

灯光设计是室内设计的一部分，能够体现设计师的品位和水准。由于要考虑空间结构适配、空间美学效果、家居风格搭配等因素，因此室内灯光设计往往需要由一名经验丰富、技能高超的设计师完成，而这也给室内设计企业增加了大量的灯光设计成本。

2023 年 2 月，群核科技[①]宣布正式成立 AIGC 实验室，并推出多款 AIGC 设计产业应用功能，其中包括 AI 智能打光功能。AI 智能打光功能是群核科技 KooLab 实验室联合光线云科技[②]和浙江大学 CAD&CG 实验室共同推出的一项科研成果。该功能支持将任意家居设计图中的打光方式一键应用于自身的设计方案中，帮助设计师节省大量的时间和精力。

此前，群核科技一直尝试利用 AI 自动生成室内三维光照。而这次推出的 AI 智能打光功能能够根据大规模的三维场景数据对灯光设计的原则进行集中学习、模拟，根据三维空间和场景自动化生成的灯光效果可以与专业设计师设计的灯光效果相媲美。

---

① 群核科技指的是群核信息技术有限公司。
② 光线云科技指的是光线云（杭州）科技有限公司。

数据是 AI 的驱动力，AIGC 灯光设计的相关训练需要大量数据的支撑。数据的收集、整理和分析是一项耗时耗力的工作，基于此，群核科技搭建了一个融合了大量灯光设计方案数据的灯光数据集。灯光数据集包含上千个专业灯光设计的三维场景数据，支持室内设计企业在不侵犯知识产权的基础上学习和访问，能够为室内设计企业提供智能、高效的数据服务。

灯光数据集不仅解决了室内设计领域数据匮乏、数据质量低下的问题，还帮助室内设计企业建立了高效的 AI 训练模型。该 AI 训练模型能够对虚拟室内场景进行多元化仿真和高性能渲染，使 AI 能够在虚拟仿真空间中自我学习，以更好地将 AI 智能打光与虚拟室内环境相结合。

群核科技是室内设计全空间领域的开拓者，一直将 AIGC 作为自己的核心研究方向。除数据集的开发外，群核科技还推出了文本自动生成室内场景、图片自动生成三维模型等 AIGC 功能。如今，群核科技推出的这些功能是 AIGC 技术在室内设计领域的突出表现。

AIGC 颠覆了传统的室内设计方式，在未来，AIGC 还将构建更加丰富、更加多元化的工业设计生态，帮助工业设计企业生成更加系统、精细化的设计方案。

10.1.2　AIGC 拓展建筑图纸设计维度

AIGC 在建筑设计领域的应用使建筑图纸设计方案更加智能化、精细化，为建筑设计师提供了更加丰富、独特的设计灵感，优化了建筑图纸设计流程。以下是 AIGC 在建筑图纸设计中常见的 4 种应用模式，如图 10-1 所示。

1. 高信息量的生成

建筑设计师可以使用 AIGC 图像生成工具把控建筑图纸设计方案的细节。建筑设计师在初步设计方案时只拥有少量的信息，而 AI 能够自主在设计方案中填充信息，帮助建筑设计师搭建完整的初步设计框架，从而深化建筑设计师的方案设计。例如，建筑设计师在使用 SketchUp 绘制建筑设计场景时，可以先在 SketchUp 中建立一个简单的建筑体块，再借助 AI 驱动生成具体的建筑细节。AI 能够从不同的观察角度测算建筑设计师绘制的建筑体块，并根据不同角度下的建筑特征生成多元化的方案。

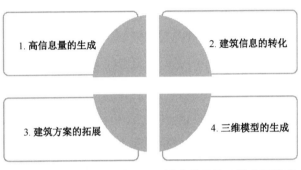

图 10-1　AIGC 在建筑图纸设计中常见的 4 种应用模式

在使用 Rhino 时，建筑设计师可以输入由多个建筑体块共同构成的基本的建筑形态，并将 AI 程序嵌入建筑设计方案中，填充建筑设计方案的细节。建筑设计师可以在 AI 程序中输入提示语，指定建筑设计风格，针对同一个建筑体块生成不同风格的建筑设计方案。

除了数字模型，实体模型也是 AI 生成的目标。倾向于手工绘制模型的建筑设计师可以将体块模型的照片作为输入对象，指导 AI 生成建筑设计方案细节。建筑设计师还可以通过手绘草图来生成建筑设计方案，在运用 AIGC 图像生成工具时，建筑设计师可以随手绘制一张潦草的建筑场景设计图，而后让 AI 生成对应的实景图。随着建筑设计师手绘信息的增加，AI 生成的信息将越来越稳定。

相较于传统的设计方式，AI 生成设计图的风格是可控的。在使用 AI 图像生成软件时，建筑设计师可以通过提示语及其权重控制信息输入和输出的相似度。随着权重的增加，建筑设计草图会逐渐转变成相对完整的建筑设计图。而后，建筑设计师可以从中选择出最理想的设计图。

高信息量生成模式是最接近建筑设计师原本工作流程的 AI 生成模式。在这种模式下，AI 以建筑设计师提供的精准信息作为图像生成的主要控制要素，在可控的情况下不断丰富设计图的细节，使图纸设计更加精细化。

2. 建筑信息的转化

在这种模式下，AI 充当的角色更像建筑设计师的翻译，能够将建筑设计师提供的非直观的建筑信息转化为直观的建筑信息。这种模式常应用于各类建筑形态研究中，如对建筑形态衍变的研究、对建筑空间关联的探讨等。

例如，建筑设计师随手拿起手边的一件物品，并将其摆放在桌子上，虽然物品与建筑没有直接的关系，但建筑设计师可以将随意摆放的物品拍摄下来，并将其上传至 AI 图片生成系统。AI 能够根据建筑设计师上传的图片自动采集照片中与建筑设计相关联的信息和要素，并将信息和要素整合，最终形成完整的建筑设计图纸。

3. 建筑方案的拓展

建筑设计师可以利用 AIGC 图像生成系统隐空间中参数的连续性，自动生成多种不同风格的建筑方案。在隐空间的拓展中，建筑设计师可以自主设置提示语权重，最终选取与自己理想方案最符合的生成结果。例如，建筑设计师在系统中输入一张柯布西耶建筑作品草图，并将"未来建筑"和"传统建筑"作为提示语。系统中的隐空间参数决定着"未来"和"传统"的提示语权重，而生成的建筑设计图纸与权重变化相符合。

4. 三维模型的生成

在三维模型生成领域，Stable Diffusion 中的核心部分——CLIP 是一款不错的工具。CLIP 融入了结构设计算法——图解静力学，这种算法能够以图形量化的形式设计非标准桁架结构。对于生成的非标准桁架结构，CLIP 能够参照建筑设计师输入的提示语，为算法提供优化方向。

CLIP 能够自动评估提示语之间的相似度和生成结果的准确性，并结合生成式 AI 算法，使生成结果更加贴合提示语的描述。例如，在一张城市建设设计图纸中，建筑设计师将不同的建筑设施作为设计元素融入城市设计方案中。而后，CLIP 根据生成结果与提示语的相似度评估建筑摆放位置的合理性，并根据评估结果优化建筑的摆放位置。在这个过程中，建筑设计师如果使用不同的提示语来描述城市建筑风格，就会得到不同的图纸设计方案。

传统的设计工具主要依赖于建筑设计师的创造性，而 AIGC 以其自身的创造性拓展了建筑图纸设计的维度，使建筑图纸的设计更高效、智能。

10.1.3　人机共存，AI 数字人与设计师携手共创

如今，在工业设计领域，AIGC 机器人已经成为设计师的得力助手。随着 AI 数字人不断深入 AIGC 工业设计领域，人机共创的时代已经到来。

2023 年 1 月 10 日，百度举办了 Create AI 开发者大会。这是由百度主导的首个"人机共创大会"，大会的场景、歌曲、演讲脑图全部由设计师和 AI 数字人共同创作。其中，AI 机器人独立完成了大会开场演讲和大会彩蛋的创作，AIGC 赋能人机共创的新模式被广泛应用于此次大会的各个环节中。AIGC 全面融入 Create AI 开发者大会，百度 AI 数字人开启了"人机共创"的未来。

AIGC 正在从抽象的科技概念进入大众所熟知的场景中。作为中国最早布局 AI 技术和最具技术基因的互联网企业，百度在本次大会上展示了 AIGC 技术成果，体现了自身对 AIGC 技术的深刻理解和全面布局。

百度 AI 数字人成为此次大会的技术呈现窗口。此次大会加强了以度晓晓、希加加、叶悠悠、林开开为代表的百度 AI 数字人的贯通，使人机共创的主题得到了更加全面、直观的展示，而 AIGC 堪称此次大会重要的幕后创作者。

在大会的开场视频中，百度 AI 数字人希加加以跑酷的形式在不同维度的虚拟

世界中来回穿梭。开场视频通过全 UE 动态场景制作，给参会者提供了更加清晰的画面质感和电影级的运镜体验。希加加的服装、发型和动作等均由 AI 生成，从而形成更加具象化的外形，希加加还掌握了 AI 作画、AI 作曲、AI 剪辑等功能。

在讲解量子计算"乾"战略时，讲解人和他的 AI 数字人分身一起出现在画面中。AI 数字人分身技术应用在大会的"猜猜真假数字人"环节，呈现出来的奇妙效果是由 AI 高拟人声音合成技术和百度 2D 仿真数字人技术支撑的。

百度 AI 数字人乐队演绎了歌曲《技术有答案》。节目中，希加加担任乐队主唱和吉他手，度晓晓担任鼓手，叶悠悠担任贝斯手，林开开担任键盘手。为了获得更好的演绎效果，百度自研 AI 口型合成算法，使演唱准确率高达 98.5%。AI 数字人还绑定了智能控制系统，动作由系统实时驱动，最终形成自然、灵动的节目效果。

在大会结尾的 AI 数字人彩蛋中，度晓晓、希加加、林开开、叶悠悠共同讨论了幕后创造的感受。AI 数字人们畅谈 AI 作画、AI 编曲、AI 特效创作等，对话十分流畅，几乎与真人对话无异，而如此真实的对话依托的是柔体解算技术、AI 变声技术、PLATO 开放域对话系统、TTS 语音合成技术、ASR 自动语音识别技术等关键 AI 技术。此次大会由百度智能云"曦灵"平台进行实时的物理模拟和场景渲染，结合 AI 算法生成了更加生动的虚拟画面。百度 AI 数字人在此次大会中的多元化应用，将"人机共创"这一主题成功贯穿始终。

此次大会中播放的设计师与 AI 共创画作的视频是人机共创的最佳体现。视频中，当 AI 数字人在画外提问"未来是什么样子"时，AIGC 与设计师共同创作的海报同屏呈现。大会还展现了大量 AIGC 与设计师共同创作的其他优美作品。视频中，AIGC 和设计师共同诠释了创作精神，并向每一位设计师致敬。AI 给予了设计师更多的创作灵感，与设计师携手展示了创造者更加顽强的精神和坚定的力量。

AI 携手设计师共创的模式丰富了创作的形式和内容，随着 AIGC 在设计领域应用范围的不断拓展，其将创造更加广泛的价值。

10.2　英伟达：AIGC 赛道不断布局

近几年，英伟达在 AI 市场上彰显出了显著的优势，并逐渐成为 AI 计算领域的领先者。随着 AI 技术的不断升级和发展，英伟达在 AIGC 赛道上不断布局，积攒实力。

10.2.1　Omniverse 平台：AI 实现内容生产

Omniverse 平台是英伟达基于 USD（Universal Scene Description，通用场景描述）和 RTX 打造的图形和仿真模拟平台，不仅能够加快内容创作从概念构思到最终交付的速度，还能够以突破性的方式对内容创作进行仿真和编码。Omniverse 平台将 AI 计算和光线追踪等先进技术融合到内容生产过程中，在内容生产领域塑造了强大的优势。

Omniverse 平台能够帮助工程师、创作者和设计师构建设计工具、项目和资产之间的连接，在共享空间中实现内容的协作生产。Omniverse 平台的用户覆盖范围十分广泛，从工程师到任何可以使用 Blender 开源 3D 软件应用的用户都可以轻松地在 Omniverse 平台上生产内容。Omniverse 平台已拥有百万用户，以下是 Omniverse 平台的主要应用，如图 10-2 所示。

1. Omniverse Avatar

Omniverse Avatar 采用了自然语言理解、计算机视觉、语音人工智能和推荐引擎模拟等技术，能够生成交互式人工智能化身。Omniverse 平台创建的 AI 虚拟形象具备光线追踪的 3D 图像效果，是一种十分具象化的交互式角色。Omniverse Avatar 能够创建敏捷的 AI 助手。

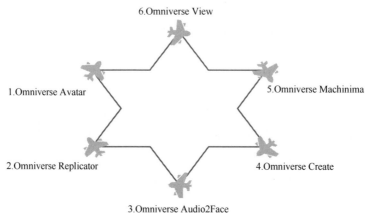

6.Omniverse View

1.Omniverse Avatar

5.Omniverse Machinima

2.Omniverse Replicator

4.Omniverse Create

3.Omniverse Audio2Face

图 10-2　Omniverse 平台的主要应用

Omniverse Avatar 根据企业需求设计并生产的 AI 助手可以帮助企业处理数十亿次客户互动服务，如个人预约、餐厅订单、银行交易等，为企业创造更多的商机。

2. Omniverse Replicator

Omniverse Replicator 是一款合成数据生成引擎，主要用于生成训练深度神经网络的物理模拟合成数据。Omniverse Replicator 引入了两个生成合成数据应用程序，分别是自动驾驶的数字孪生虚拟世界——NVIDIA Drive Sim 和可操纵机器人的数字孪生虚拟世界——NVIDIA Isaac Sim，这两个应用程序也是该引擎取得的首批成果。在使用上述应用程序时，创作者能够以突破性的方式引导 AI 模型填补现实世界的数据空白，并生成真值数据。Omniverse Replicator 可以根据机器人开发者的需求，生成精确的物理数据和真实数据。

3. Omniverse Audio2Face

Omniverse Audio2Face 是一款由 AI 支持的应用程序，其仅需要通过一个音频来源即可生成面部表情动画。

Omniverse Audio2Face 可以根据创作者提供的音轨自动生成 3D 角色动画，角色类型主要包括电影角色、游戏角色和虚拟数字助手等。创作者可以将 Omniverse Audio2Face 作为传统的面部动画创作工具，也可以将其作为交互式应用角色的创建工具。

Omniverse Audio2Face 预装的 Digital Mark 支持音轨的动画处理，创作者只需要将音轨素材上传至 Digital Mark 音轨处理系统中，Digital Mark 便能够即刻生成音频输入反馈并传输至深度训练的神经网络。而后，Digital Mark 能够根据音轨特征自动调整角色网格的 3D 顶点，从而创建生动的面部动画。在面部动画生成后，创作者还可以通过修改后期音轨处理参数来优化动画效果。

Omniverse Audio2Face 支持角色的自由转换，使创建好的角色能够自由地切换面孔。创作者还可以自行调整角色面部表情的细节，并利用不同的音源批量生成不同的动画文件。创作者还可以指定场景中的角色数量，自由支配角色的分工与运转。

Omniverse Audio2Face 能够帮助创作者给角色选择合适的情绪，生成相对应的表情、动作。Omniverse Audio2Face 能够自动操纵角色头部、眼睛、嘴部、舌头的运动，以匹配选定的情绪，展现合理的情绪强度。借助 Omniverse Audio2Face 平台，创作者能够轻松、快速地为角色创建逼真的表情，以增强角色在场景中的沉浸式效果。

4. Omniverse Create

Omniverse Create 主要应用于高级场景的合成，其主要基于 USD 工作流的大规模场景而构建。Omniverse Create 能够借助简单的场景合成应用连接，从而突破场景创建流程瓶颈。因此，Omniverse Create 广受工程师、设计师和艺术家的欢迎。

Omniverse Create 可以实时组建复杂的 3D 场景，并对场景属性进行精准的仿真，以实时交互的方式组装、模拟、渲染场景。

Omniverse Create 可以将各种类型的设计文件汇总在一起，实时更新设计文件的数据，轻松地追踪设计文件的修改，以便创作者对设计文件进行实时更新和快速迭代。Omniverse Create 能够将逼真的场景渲染结果合成高保真图像，并精准、稳定地截取图像画面，保障图像生成的质量和效果。

Omniverse Create 引入一些高级布局工具，能够帮助创作者轻松地构建虚拟世界。在构建虚拟世界时，创作者可以使用 Omniverse Create 素材库中的填充素材（包括道路、树木、建筑等）或者引入自己的素材，而后借助由 NVIDIA PhysX 5 提供动力支持的 Zero Gravity Mode 合成虚拟场景。同时，Omniverse Create 还支持创作者从 SideFX Houdini 或 Epic Games 的虚幻引擎中导入景观。

Omniverse Create 融入了 RTX 渲染器应用程序，支持多 GPU 的高级路径追踪，能够在虚拟场景中同时渲染数十亿个多边形，使场景具备更加精美的全局反射和折射效果，从而打造更加逼真的场景和可视化的效果。

Omniverse Create 支持骨骼动画创作、混合形状搭建、动画剪辑和动画缓存等功能，并具备高级仿真功能，能够对虚拟场景进行立体重塑，使其达到最接近真实的效果。

Omniverse Create 集成 Flow、Blast 和 NVIDIA PhysX 5，以呈现可变形的物理动画效果。创作者可以通过 Omniverse Create 的 Movie Maker 工具，将仿真场景导出为序列化图像或 MP4，也可以结合使用 NVIDIA CloudXR 和 NVIDIA Omniverse 串流客户端，将高保真的增强现实内容传输至移动端设备。

Omniverse Create 包含了一些生成式 AI 工具，使 3D 虚拟世界的创建更加简单，能够在较短的时间内快速地生成多样化的空间场景，为创作者提供更多可选择的设计方案。

5. Omniverse Machinima

Omniverse Machinima 主要应用于动画电影的创作，能够将虚拟世界中的角色和场景进行自然的融合，组成更加生动、逼真的动画场景。Omniverse Machinima 能够为创作者提供高保真渲染器和动画制作的便捷工具。

为了生成更加逼真的画面效果，Omniverse Machinima 植入了 NVIDIA MDL 材质库，以更好地保障每个材质的表面和纹理的真实性。Omniverse Machinima 启用 Omniverse RTX 渲染器，使画面在参考路径追踪模式和实时光线追踪模式之间自由切换，以打造更加逼真的场景。

Omniverse Machinima 能够借助 Audio2Gesture 和 Audio2Face 技术将音频转化成动画。设计师只需要在音频转动画系统中输入动画的主题和台词，就可以生成生动的动画角色。借助 Blast、Flow 和 NVIDIA PhysX 5 等技术，Omniverse Machinima 能够为角色打造真实的物理特性，为角色的呼吸、动作增添真实感，使角色与环境能够充分融合。Omniverse Machinima 能够使用移动或网络摄像头精准地捕捉人体动作，助力 3D 动画角色更好地模仿出人类动作。

Omniverse Machinima 能够基于动画节点编辑角色，从而让角色更加生动。Omniverse Machinima 能够借助动画定向工具，为角色系统增添多个预设动画，以打造更加逼真的动画效果。

6. Omniverse View

Omniverse View 是一款便捷且强大的可视化应用，能够为创作者提供丰富的场景预设素材。例如，创作者想要为动画绘制天气状况，Omniverse View 便能够为创作者提供预设的一系列形态的太阳和动态的云等素材。同时，Omniverse View 还支持创作者对预设的素材进行调整，并引入一些必要的细微细节，以达到更加震撼、逼真的沉浸式可视化效果。

在 Omniverse View 平台上，创作者能够在动态的虚拟环境中查看动画的全保真模型并与其交互。Omniverse View 能够串联不同的移动端设备，连接供应商、项目经理和创作团队，从而加速创作流程中的审查、创新和迭代。

Omniverse 平台是英伟达在 AIGC 赛道上的重要部署，其将创作素材进行整合和优化，为创作者提供功能强大的创作平台，帮助创作者创作出更完美的作品。

10.2.2　Magic3D：3D 模型智能生成应用

Magic3D 是一款由英伟达推出的能够根据文本描述生成 3D 模型的应用。在使用 Magic3D 时，创作者只需要输入自己想要创建的 3D 模型特征，如一只伏在树上的绿色毒蜥蜴，Magic3D 便能够在 40 分钟内生成符合提示语特征的 3D 网格模型，并为模型填充纹理特征。

相较于通过文本生成 2D 模型的 DreamFusion，Magic3D 同样是将低分辨率的简约模型转化为高分辨率的精细化模型，但其能够以更快的速度和更高的质量生成 3D 模型。在使用 Magic3D 的过程中，创作者输入的文本形式往往是由"粗糙"到"细致"的，只有这样，Magic3D 系统才能够生成高分辨率的三维模型。

Magic3D 可以使用着色器创建逼真的图形。着色器能够对多个图形元素进行重复计算，并结合不同的图形对图像快速渲染，优化图像的着色像素。Magic3D 的图像生成包含两个阶段。在第一阶段，Magic3D 首先使用 eDiff-I 作为模型进行文本—图像扩散先验，并通过对 Instant NGP 的优化生成初始的 3D 模型；其次计算 Score Distillation Sampling 的损失，从 Instant NGP 中提取粗略模型；最后使用稀疏加速结构和散列网络加速结构生成，并根据图像渲染的损耗从低分辨率图像中建模。

在第二阶段，研究团队使用高分辨率潜在扩散模型（LDM），不断抽样和渲染第一阶段的粗略模型，并利用交互渲染器对图像进行优化，以生成高分辨率的渲染图像。Magic3D 还可以基于创作者输入的提示语对 3D 模型进行实时编辑。创作者如果想要更改生成的模型，只需要更改文字提示便能够生成新的模型。此外，Magic3D 可以保持图像生成的主题，并将 2D 图像的风格与 3D 模型相融合。这样一来，创作者不仅可以获得高分辨率的 3D 模型，还降低了 3D 模型的运算强度。

Magic3D 模型的运算时间与 LDM 编码器的梯度和高分辨率的渲染图像有着紧密的关系，这增强了模型运算强度的可控性。Magic3D 模型的渲染框架主要基于可微分插值的 DIB-R 或渲染器构建，可以应用于 3D 图像设计和机器人设计等领域，在几秒钟内就可以完成 3D 模型的渲染。其中，DIB-R 可以通过二维图像来预测三维图像的纹理、光照、形状和颜色，而后创建一个多边形球体，最终生成符合二维图像特征的 3D 模型。

Magic3D 使用 Instant NGP 的哈希特征编码，节约了高分辨率图像特征的计算成本。其生成的每个 3D 模型都有无纹理渲染，在生成的过程中往往能够自动删除图像的背景，以更好地专注于实际的 3D 模型。因此，Magic3D 生成的 3D 模型往往都具备清晰的纹理。

如今，AIGC 的应用已经逐步进入规模化、商业化的阶段。Magic3D 能够推动 3D 合成技术大众化，在 3D 内容创作中展示出更加丰富的创造力。

创投机遇：找准方向，抓住时代机遇

2022 年 9 月，红杉资本①发布了文章《生成式 AI：一个创造性的新世界》。文章指出，未来两三年，AIGC 创业公司及商业落地方案将不断增加，会产生数万亿美元的经济价值。AIGC 在发展过程中不仅会产生难得的创业机会，还蕴含着丰富的投资机会。创业公司、科技巨头都可以抓住这一机遇，实现跨越式发展。

---

① 红杉资本是一家全球著名的风险投资公司。

11.1　以技术入局：瞄准 AI 顶层技术

技术是 AIGC 发展的基础。随着 AIGC 的发展，其核心技术 AI 芯片、AI 大模型等也迎来了发展契机。这为企业进入 AIGC 这一赛道指明了方向。除一些科技巨头在这些领域加大研发投入外，一些以提供 AI 芯片和 AI 大模型为主要业务的创业公司也悄然崛起。

11.1.1　AI 芯片研发：满足爆发的算力需求

很多使用 ChatGPT 的用户，都会遇到卡顿的问题，使用体验并不理想，其根本原因就在于算力不够。当前，ChatGPT 的用户数量持续增加，解决算力问题就成了其获得进一步发展的关键。

芯片是数据处理的核心，为系统的应用提供算力支持。要想增强算力，就需要加大芯片投入，使用具有更强性能的 AI 芯片。不只是 ChatGPT，所有 AIGC 相关应用都离不开算力的支持。这意味着，随着 AIGC 的发展，AI 芯片将在未来实现井喷。

随着需求端的爆发，供应端的 AI 芯片供应商也迎来了发展的新机遇。英特尔、AMD、高通等都是其中的重要玩家。以英特尔[1]为例，2022 年 5 月，英特尔发布了一款 AI 芯片——Gaudi2。这是英特尔旗下 Habana Labs 推出的第二代 AI 芯片，运算速度是前一代芯片的 2 倍。同时，英特尔还推出了一款名为 Greco 的芯片，其可以根据 AI 算法预测、识别目标对象。基于这两款芯片的应用，处理器的性能更加强大。

---

[1] 英特尔是美国一家研制处理器的公司。

英特尔数据中心和 AI 部门主管表示，AI 芯片市场将在未来持续增长，而英特尔将通过投资和创新，引领这一市场。

除国外 AI 芯片巨头积极布局外，国内的 AI 芯片供应商，如深圳市海思半导体有限公司等也借 AIGC 带来的机遇实现了进一步发展。以往，由于 AI 芯片行业竞争激烈、产品落地难等原因，AI 芯片供应商的发展并不顺利。而 AIGC 的兴起为这些供应商提供了产品研发的新方向，不少 AI 芯片供应商都将推出可应用于机器人的 AI 芯片作为重要的发展方向。

可以预见的是，随着 AIGC 相关应用的不断迭代，AI 芯片的销售额也将实现持续突破，而参与其中的 AI 芯片供应商也有机会抓住 AIGC 的红利，实现更好的发展。

11.1.2　AI 大模型研发：通过海量数据对大模型进行训练

在 ChatGPT 爆火后，作为 AIGC 重要应用支撑的 AI 大模型成为 AI 企业研发的新方向。不少企业都以技术入局，通过研发 AI 大模型抢占先机。AI 大模型生态图谱如表 11-1 所示。

表 11-1　AI 大模型生态图谱

	搜索	谷歌、百度、美团等
	对话	微软、百度、阿里巴巴、北京智源等
	推荐	快手、字节跳动、阿里巴巴、腾讯等
行业应用赋能层	医疗	北京智源、腾讯、百度、华为等
	遥感	华为、阿里巴巴、商汤科技等
	城市	谷歌、华为、阿里巴巴等
	计算机视觉	Meta、谷歌、微软、OpenAI、华为、京东、字节跳动、商汤科技等
基础算法平台层	自然语言处理	Meta、谷歌、英伟达、浪潮信息、阿里巴巴、华为、百度、腾讯、北京智源等
	多模态	微软、谷歌、阿里巴巴、腾讯、百度、快手、北京智源等

续表

底层服务支撑层	芯片	英伟达、英特尔、ARM、百度、平头哥等
	数据服务	探码科技、百度、标贝科技等

在表 11-1 中，谷歌、微软、百度、阿里巴巴等科技巨头都从多方面布局 AI 大模型，将 AI 大模型应用于对话、推荐、医疗等多个场景中。除以上巨头外，还有一些在云计算、大数据领域深耕多年的科技企业，也积极布局，抢占市场先机。

浪潮信息[①]是我国一家知名的算力供应商。在市场趋势下，浪潮信息积极入局 AIGC 领域，进行超大规模 AI 大模型的研发，目前已经取得一些成绩。浪潮信息与淮海智算中心共同开展的超大规模 AI 大模型训练性能测试已经有了初步的数据。

测试数据显示，这一 AI 大模型在淮海智算中心的训练算力效率达 53.5%，处于业内领先水平。这意味着，其可以为其他 AI 创新团队提供高性能的 AI 大模型训练算力服务。

生成式 AI 需要基于海量数据集，对超大规模 AI 模型进行训练。这对 AI 算力提出了很高的要求。而浪潮信息可以为超大规模 AI 模型的训练提供算力支持。同时，超大规模 AI 大模型的训练需要在拥有众多加速卡的 AI 服务器集群上进行。训练算力效率直接影响到模型训练时长、算力消耗成本等。

浪潮信息凭借旗下 AI 模型"源 1.0"的训练经验，优化了分布式训练策略，通过实现流水并行、数据并行、调整模型结构和训练参数等，最终将超大规模 AI 大模型的训练算力效率提高到 53.5%。公开资料显示，OpenAI 推出的 GPT-3 大模型的训练算力效率为 21.3%。两者对比，便凸显出了浪潮信息的优势。

在 AI 大模型研发领域，除这些已经发展多年的科技公司外，还聚集着一些创业公司。这些创业公司凭借自己的技术优势，积极推进 AI 大模型的研发。

例如，成立于 2021 年的 AI 创业公司 MiniMax 将 AI 大模型作为自己的主要

---

① 浪潮信息指的是浪潮电子信息产业股份有限公司。

业务，积极研发多模态 AI 大模型。MiniMax 搭建了 3 个模态的 AI 大模型，即文本到文本、文本到视觉、文本到语音。

MiniMax 的商业模式包括 To C 与 To B 两个方向。在 To C 方面，其 AI 大模型驱动的产品已经在应用商店上线；在 To B 方面，MiniMax 计划在未来开放 API，让更多用户基于 AI 大模型创建自己的应用。

11.2　以产品入局：多角度打造 AIGC 产品

随着 AIGC 不断深入发展，AIGC 产品逐渐增多，从多角度为人们的内容生成提供助力。其中，文字生成、绘画生成、视频生成、音频生成等方面的产品逐渐受到广泛的关注，并得到了有效应用。企业可以以产品入局，打造自己的 AIGC 产品。

11.2.1　文字生成：腾讯推出自动化新闻撰稿机器人 Dreamwriter

Dreamwriter 是腾讯推出的自动化新闻撰稿机器人，其能够借助 AI 算法在第一时间生成新闻稿件，并生成资讯的实时分析，将重要资讯实时传递给用户。

Dreamwriter 的写作流程大致包含 5 个环节，分别是建立数据库、机器学习、写作、审核、分发。腾讯要先创建或购买数据库，然后让 Dreamwriter 对数据库内的数据进行分析，并学习新闻稿的写作手法。学习完之后，Dreamwriter 便可以从数据库中寻找与新闻资讯相关联的信息进行写作。写作内容要经过审核，最后通过腾讯的内容发布平台传递给用户。以下是对 Dreamwriter 写作流程中各个环节的具体阐述。

1. 建立数据库

Dreamwriter 写作的前提是创建或购买数据库。没有数据库，Dreamwriter 将没有量化的依据，无法生成生动的文章。腾讯购买了大量的国内外数据库，如腾讯买断了 NBA 在中国市场 5 年的网络独播权，并购买了 NBA 全套数据。NBA 能够实时传输球赛每一个阶段的数据，相较于其他数据，NBA 的数据更加翔实。数据越翔实，越有助于 Dreamwriter 分析并生成文章。除了购买外来的数据库，腾讯自身也拥有丰富的数据库资源，如腾讯的自选股 App 就是一个包含丰富股市信息的数据库。

2. 机器学习

机器学习是 Dreamwriter 培养写作能力的重要环节，在拥有可供提取的数据库之后，Dreamwriter 就要进入学习阶段。机器学习即通过数据分析和算法设计让 Dreamwriter 主动理解数据库。Dreamwriter 不仅要理解数据本身，还要理解数据所对应的写作模板。因此，在进行机器学习的过程中，技术人员要不断填充数据库中的写作模板。

例如，腾讯要借助 Dreamwriter 生成一篇体育赛事报道，Dreamwriter 需要将赛事中的每一个精彩赛点重新组合。如果腾讯想要报道奥运会的跳水比赛，就需要具体分析和阐述走板、空中动作姿态和水花效果等，并在数据库中抓取相关联的数据，结合赛事规则，最终将这些拆解后的数据整合成一条完整的赛事报道。此外，Dreamwriter 拥有完整的连接词数据库，能够使生成的报道语言更加连贯、表述更加清晰，近似于人工撰稿效果。

机器学习的过程是循序渐进的，学习结果的完善是永无止境的，目标项目的大小影响着学习的时间。类似于报道 NBA 这样的体育赛事，Dreamwriter 完成机器学习大概要花费一个月左右的时间。

3. 写作

Dreamwriter 根据体育报道和财经报道的不同特征开发了双写作系统。体育赛事写作系统偏向于赛事报道和深度表达，而财经写作系统有独立的计算模型和表达方式。Dreamwriter 在生成清晰的新闻内容的同时，能够针对观众的不同兴趣点，生成研判版、民生版和精简版等不同版本的报道，更好地满足不同观众的需求。

4. 审核

内容生成之后，往往需要经过严格的审核，不同媒体具有不同的审核机制。Dreamwriter 不具备系统的审核机制，而负责审核工作的是腾讯的风控团队。该团队主要负责把控腾讯信息平台上发布的内容的事实性、合法性和政治性。

5. 分发

现阶段，Dreamwriter 无法自行分发资讯，报道和资讯的分发主要依靠腾讯专门的分发团队完成。

随着 Dreamwriter 在新闻撰写领域中的不断发展，Dreamwriter 的技术将不断迭代和升级，为内容生成创造更多可能性。以下是 Dreamwriter 未来可能拓展的其他应用模式和功能。

（1）提供基于互联网的 UGC 新闻信息服务。在此种模式下，写作机器人能够从微信、微博等 UGC 平台上搜集新闻素材，并自动组稿，帮助新闻编辑及时挖掘新闻热点。

（2）利用语音技术实现新闻信息播报。

（3）创新性写作。在未来，新闻写作机器人或许能够将 AI 生成的新闻资讯与新闻编辑撰写的新闻资讯相融合，让读者无法分辨新闻内容是由机器人撰写的，还是由新闻编辑撰写的。

（4）读者细分管理。新闻写作机器人能够追踪并分析读者的点击率和阅读习惯，并对读者的爱好和需求进行精准分析，以更好地为读者提供个性化服务。新闻写作机器人还将不断完善新闻资讯平台的智能对话系统，以提升读者与平台的交互体验，进一步提升读者的满意度。

Dreamwriter 是机器写稿领域的重大突破，随着 AIGC 产品的不断创新和升级，以 Dreamwriter 为代表的文字生成类机器人将不断涌现，从而拓展 AIGC 的应用范围。

11.2.2　绘画生成：百度发布 AI 辅助创作平台——文心·一格

文心·一格是百度基于文心大模型在文本生成图像领域推出的新型 AI 绘画产品，如图 11-1 所示。文心·一格作为百度的产业级应用，具备领先的 AI 绘画能力。

图 11-1　文心·一格登录页面

在文心·一格的官网中，创作者只需要输入自己想要创作的画作主题和风格，便能够得到一幅由 AI 生成的画作。文心·一格支持油画、水彩、动漫、写实、国风等风格的高清画作的在线生成，还支持定制多种画面尺寸。

文心·一格的用户群体十分广泛，它既能够为设计师、艺术家和插画师等专业的视觉内容创作者提供创意和灵感，辅助他们进行产品设计和艺术创作，也能够帮助自媒体、记者等内容创作者生成高质量的文本配图。文心·一格为非专业的创作者提供了零门槛的 AI 绘画平台，使他们能够享受艺术创作的乐趣，展现个性化的创作格调。

文心·一格上线了二次元、中国风等艺术风格，丰富了 AI 绘画风格的多样性。文心·一格还更新了图生图、图片二次编辑等功能，进一步升级了 AI 绘画的细节刻画。此外，文心·一格还上线了全新的创作平台，并增添了智能推荐功能，创作者只需要在平台上输入简单的画作描述，即可得到一副精美、优质的画作。该平台极大地提升了文心·一格的便捷性和实用性，帮助创作者轻松完成艺术创作。

2023 年 3 月，文心·一格全新改版的新官网正式发布。在新官网的设计上，文心·一格采用模块化设计风格，在个人中心、主页视觉、批量操作、资讯轮播等方面做了多项显著的提升，以全面优化 AIGC 内容创作体验。

支撑文心·一格应用发展的文心大模型在数据采集、风格设计和输入理解等多个层面不断探索，在中国文化理解和相关应用生成方面具有强大的优势。这也使文心·一格能够更加深入地理解用户输入文本的语义，加快了文心·一格在中国文化生成领域的落地应用。

文心·一格联合新华社发布 AIGC 音乐作品《驶向春天》，该作品由袁树雄和凤凰传奇共同演绎，用轻快的说唱风格表达了年轻一代厚积薄发、奋勇向前的热情和干劲。歌曲的 MV 部分由文心·一格的 AI 绘画功能提供技术支持，呈现出一幅幅靓丽多彩的国风画面场景，展现了人们对过往经历的感慨和对未来美好生活的向往。

在该部作品 MV 上线的同时，文心·一格发起以"画出你心中的美好生活"为主题的创作活动，鼓励创作者借助文心·一格平台绘制出自己所向往的美好生活。

随着文心大模型的不断迭代和发展，多元化的 AI 绘画作品将在文心·一格平台上不断涌现，AI 绘画的应用场景将不断拓展，并呈现出更高的艺术价值。文心大模型将成为推动 AIGC 发展的强大动力引擎，助力内容生成领域不断创新和发展。

11.2.3　视频生成：Meta 公司推出文字生成短视频系统 Make-A-Video

2022 年 9 月 29 日，Meta 公司宣布推出其内部开发的人工智能系统——Make-A-Video。Make-A-Video 可以根据用户输入的文字或者词语生成短视频。Make-A-Video 的特色是用户可以输入一连串词语。例如，用户输入"穿着蓝色卫衣的小猫在天空中飞翔"，Make-A-Video 便可以生成一段长达 5 秒的视频。虽然视频还不够精良，但这是文字生成短视频领域的一大进步。

Meta 公司认为，文字生成短视频比文字生成图片难度更大，因为生成视频需要运用大量的算力。Make-A-Video 需要运用数百万张图像进行训练，才能够拼凑出一个短视频。这意味着，只有有能力的大型公司才有可能研发出文字生成短视频系统。

为了训练 Make-A-Video，Meta 公司使用了 3 个开源图像和视频数据集的数据。Make-A-Video 通过在文本转图像数据集中标记静态图的方式，学习物体的名字与外形，学习这些物体如何移动，从而根据文本生成视频。

Meta 公司认为，Make-A-Video 能够为创作者带来全新的机会。但是 Make-A-Video 也有一些弊端。例如，可能被用于传播有害内容和伪造信息。虽然研究人员已经尽力将不当的文字与图片过滤掉，但无法从上百万的图片中彻底清除所有的有害信息。未来，Meta 公司将会探索如何完善 Make-A-Video，规避潜在风险。

11.2.4　音频生成：喜马拉雅为创作者提供 AI 音频合成工具

AIGC 能够改变传统的生产结构与商业模式。例如，在音频创作领域，喜马拉雅尝试为创作者提供 AI 音频合成工具。

喜马拉雅是一个成立于 2012 年的在线音频分享平台，形成了优质创作者创作优质的内容—优质的内容吸引粉丝—粉丝进行互动、宣传的商业闭环。目前，AIGC 与多种产业结合，在多个场景中实现了落地，对此，喜马拉雅也积极探索，打造了"喜韵音坊"平台。该平台能够帮助用户进行音频创作，实现自己的配音梦。喜马拉雅打造"喜韵音坊"平台并不是一件容易的事情，需要攻克许多技术难关。

1. TTS 音色难以演绎小说

TTS 是一种将文本转换为语音的技术，广泛应用于多种场景，如电话客服、机器人等。但 TTS 合成的声音是冷冰冰的机器音，不能用于录制音频节目。在音频节目中，听众希望听到有情绪变化、有温度的声音。例如，讲述童话故事的声音应该是天真可爱的，讲述武侠故事的声音应该是激昂顿挫的，讲述历史故事的声音应该是深沉、厚重的。

如果运用 TTS 进行音频生成，就需要其能够学习情感表达、转换音色等。因此，喜马拉雅需要研究如何让 AI 理解文本语境，然后根据语境选择合适的音色，并能根据文本的情绪随时转换声音。

例如，喜马拉雅曾尝试复原评书艺术家单田芳先生的声音。单田芳先生声音的特色是韵律起伏大、许多字词发音独特，如果仅用 TTS 进行声音合成，那么最终形成的音频语调相对平淡，失去了评书应有的跌宕起伏。

对此，喜马拉雅设计了韵律提取模块，能够合成起伏较大的韵律，并针对单田芳先生的发音设计了口音模块，对特殊的发音进行标注，因此，在 AI 合成音频时能够还原出单田芳先生讲评书的"味道"。

基于不断的技术创新，喜马拉雅用 TTS 合成的 AIGC 音频已经能够"以假乱真"。如今，TTS 技术已经能够输出多种情感、风格的音频，广泛应用于新闻、小说、财经等领域的音频内容创作中。

2. 跨语言合成

跨语言合成技术指的是运用一种声音说两种语音。例如，A 的声音既能讲普通话也能讲客家话。这项技术的难点在于 A 本人只会讲普通话，我们却需要 AI 模仿 A 的声音说客家话。

喜马拉雅研发了一套训练方法以解决跨语言合成问题，即跨语言语音合成技术。

3. 语音转文字技术

许多音频节目不会特意匹配字幕，导致听众很难听清节目讲的是什么。为了解决这个痛点，喜马拉雅将语音转文字技术 ASR 和能够将超长音频与文本对齐的算法结合，推出了 AI 文稿功能。

AI 文稿功能能够识别无文稿的音频内容，并自动生成文稿，方便听众理解内容。对于已经有文稿的音频内容，AI 文稿能够将声音与文稿进行时间戳对轨，在声音播放的同时，对应的文字也会同步高亮，听众能够更加便捷地收听音频。

喜马拉雅通过新技术的研发，为音频行业的生产方式、内容结构带来了新的变化，推动音频行业不断发展。喜马拉雅的生产模式主要是 PGC 和 UGC，而其在 AIGC 领域的不断探索，为其积累了诸多优势。

（1）真人接单模式进行朗读的生产成本过高，AIGC 能够实现降本增效。喜马拉雅深耕在线音频行业多年，形成了相对稳定的内容生产结构，即"PGC+PUGC+UGC"，其中 UGC 是用户消费最多的部分。

虽然UGC收入颇高，但是喜马拉雅与创作者采用的是收入分成的利润分配方式，导致喜马拉雅的内容成本过高。在内容创作中引进 AI 技术之后，喜马拉雅如果借助 AIGC 生成音频的方式生产有声书，则能够产生海量音频内容，有效降低成本。

（2）AIGC 能够快速生成音频。对于新闻、时事热点等具有时效性的内容，如果运用真人接单模式，用户可能需要等待几个小时才能够听到配音内容，但如果运用 AIGC 内容生产模式，可能只需要几分钟，用户就能够听到音频内容，十分快速。例如，新京报、环球时报等主流媒体借助 TTS 技术每日平均生产 500 条音频，这是以前无法实现的。

（3）帮助创作者进行内容生产。喜马拉雅希望为创作者提供 AI 工具，以提升创作者的创作效率，降低创作门槛，使创作生态更加繁荣。

在音频行业，大多内容创作者没有专业团队，因此，他们能够演绎的内容十分局限，只能够选择单播作品，这限制了他们的声音内容的变现力。而"喜韵音坊"上线 AIGC 多播功能后，主播可以与 AI 合作，实现单人演绎多播作品。

一名在喜马拉雅进行音频创作的主播表示，"喜韵音坊"的音色类型多样，有"公子"音、"御姐"音、青年音等多种音色。而且 AI 还能够展现人物的不同情绪，无论是悲伤、愤怒，还是钦佩、喜欢，都可以自如切换，满足听众的多种要求。

喜马拉雅利用 AI 技术重构了音频行业的内容生产方式，也改变了音频行业的商业逻辑。未来，AIGC 技术将会进一步赋能音频行业，生成更加逼真的音色，让更多创作者爱上配音。

11.3　AIGC 领域投资机会

AIGC 领域蕴含着巨大的投资机会。在这方面，企业可以关注两大方向，即 AIGC 领域的上游厂商和下游聚焦 AIGC 应用的企业。

11.3.1　关注上游厂商，瞄准 AIGC 基础设施建设

在 AIGC 领域，不少上游技术厂商都瞄准 AIGC 基础设施建设，积极推动 AIGC 基础设施建设。AIGC 的发展离不开这些技术厂商的支持，因为在 AIGC 快速发展的大趋势下，这些技术厂商蕴含着不小的投资潜力。在这方面，企业可以关注在算力

基础设施领域崭露头角的商汤科技[①]和在数据服务领域扮演重要角色的海天瑞声[②]。

1. 商汤科技

商汤科技是 AIGC 领域模型训练的算力提供商，打造了集智能算力、通用算法、开发平台为一体的新型基础设施——SenseCore。SenseCore 支持 AI 应用模型的规模化量产，降低生产成本，让 AI 赋能更多领域。

凭借在计算机视觉领域积累的优势，商汤科技在智能生成内容方面已经具备了多种核心技术，如表 11-2 所示。

表 11-2 商汤科技在智能生成内容方面具备的核心技术

核心技术	具体内容
2D/3D 关键点驱动	在遮挡、暗光等场景下对数字人面部、肢体的 2D/3D 关键点进行追踪，为后期特效渲染提供支持
虚拟穿戴	通过肢体 2D/3D 关键点追踪和后期渲染，实现虚拟试衣、虚拟试鞋等功能
数字人	支持超写实 2D/3D 数字人的定制化生产，并通过深度模型对数字人进行口型、肢体驱动及超写实渲染，同时支持多模态人机交互
肖像风格化	可以将视频或图片中的肖像转换为动漫风格、手绘风格等多种特定风格的肖像
图像或视频编辑	基于图像生成技术，对图片或视频进行编辑，如妆容编辑、发型编辑等。

商汤科技通过 AIGC 技术打造了 AI 创意视频生产平台——商汤智影，商汤智影可以实现视频换背景、视频分析、视频批量生产等功能。

2. 海天瑞声

数据对 AI 大模型训练十分重要。海天瑞声从数据入手，提供专业的数据服务。海天瑞声拥有近千个数据成品库，包含近 200 种语言，覆盖虚拟主播、智能搜索等诸多业务场景。

---

① 商汤科技指的是商汤集团有限公司。
② 海天瑞声指的是北京海天瑞声科技股份有限公司。

海天瑞声 AI 数据服务涉及数据采集、数据标注、数据评测、方案设计等多个方面，可以应用于自然语言处理、计算机视觉、语音识别等多个场景中。海天瑞声 AI 数据服务如表 11-3 所示。

表 11-3　海天瑞声 AI 数据服务

数据采集	实现全球优质资源布局，进行近 200 种语言的采集，多场景图像和视频采集，多行业文本语料制作。在计算机视觉领域，可实现 2D、3D、红外等数据的采集
数据标注	可以为企业 AI 研发提供测试和数据标注服务，帮助企业快速部署机器学习项目，提升模型性能；拥有完善的数据标注平台和标注、审核、质检机制，汇聚全球数十个国家的资源，助力企业提升核心竞争力
数据评测	提供近 200 种语言的系统评测服务，帮助企业打造语音合成产品
方案设计	基于在训练数据领域的深耕，在企业拓展业务、进入新市场时为其提供数据方案设计服务，助力企业制定与自身算法模型匹配的方案

企业可以关注商汤科技、海天瑞声等在 AIGC 基础设施方面有所建树、拥有技术与业务优势的上游厂商，寻找投资机会。

11.3.2　关注下游应用，多家企业崭露头角

随着 AIGC 领域投资机会增多和 AIGC 商业模式不断重构，众多 AIGC 产业下游应用出现在市场中，专注于下游应用研发的多家企业崭露头角。

1. 科大讯飞①

科大讯飞在 AIGC 领域早有布局。2022 年年初，科大讯飞推出了"讯飞超脑 2030 计划"，加深多模态感知、多模态表达等技术的融合应用。这为其 AIGC 业务的进一步拓展奠定了坚实的基础。

---

① 科大讯飞指的是科大讯飞有限公司。

"讯飞超脑 2030 计划"进一步拓展了科大讯飞的智能机器人业务，面向元宇宙、数字世界和物理世界推出以多模态交互、模型训练、智能运动、软硬件接入、资产生成和 AI 能力星云为核心的机器人开发平台，为 AI 开发者提供善学习、懂知识、能进化的虚拟数字人产品和实体机器人产品，使机器人能够更快地融入每个行业。

2. 金山办公①

WPS 智能写作是金山办公在 AIGC 时代推出的一款帮助用户提升写作效率和质量的智能办公产品。该产品以自然语言处理技术为核心，打造灵活、高效的智能写作机器人，具有辅助成稿、句子智能补写、文本智能校对和文本自动生成等多项功能。WPS 智能写作颠覆了传统的写作模式，开启了 AI 智能写作新时代。

3. 同花顺②

同花顺是业内领先的金融信息服务提供商。在 AI 方面，同花顺持续研发投入，在这一领域深耕多年。其 2018—2022 年在 AI 方面的研发投入如图 11-2 所示。

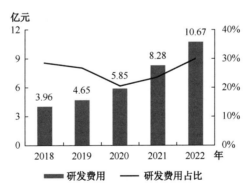

图 11-2　2018—2022 年同花顺在 AI 方面的研发投入

---

① 金山办公指的是北京金山办公软件股份有限公司。
② 同花顺指的是浙江核新同花顺网络信息股份有限公司。

如图 11-2 所示，过去几年，同花顺持续进行 AI 方面的研发投入，研发费用逐年增加，以发展 AI 技术。2022 年，同花顺研发费用达 10.67 亿元，研发费用占比达 30%，在机器学习、自然语言处理、图像识别等领域已形成深厚积累。

在金融领域，同花顺是较早布局 AIGC 产品和服务的企业。同花顺围绕金融领域重点打造了智能投资顾问和智能金融问答产品。在智能投资顾问方面，同花顺推出了智能机器人顾问，该机器人熟练掌握财经知识，能够为用户提供个性化的财经知识普及和讲解服务。这开启了 AIGC 在金融领域发展的新纪元。

同花顺还针对用户业务的真实场景，采用人机结合的服务模式，打造出系统、全面的投资顾问辅助系统。此外，同花顺还推出了资产配置智能服务，该服务能够结合产品特征、用户画像和用户风险等要素对金融服务产品进行风险测评，为用户提供更加个性化的理财方案，并持续跟踪用户需求，更好地服务用户。在智能金融问答领域，同花顺借助自然语言处理技术，不断记录、分析金融市场信息，为用户打造更加及时、精准、专业的金融问答服务。

4. 拓尔思[①]

拓尔思借助 AI 信息检索、知识推理和自然语言处理等技术，推出了小思智能问答机器人系统，通过问题分类、问题解析、信息搜索、提取备选答案、搜寻答案证据、计算证据强度等一系列流程，解答问题并实现人机交互。小思智能问答机器人系统已经被广泛应用于行业知识问答、企业智能客服和政府智能问答等多个领域。

5. 云从科技[②]

云从科技不断布局 AIGC 内容创作和虚拟互动领域。在内容创作领域，云从科技不断与第三方企业合作，凭借自身在自然语言处理、知识计算和大数据等方

---

① 拓尔思指的是拓尔思信息技术股份有限公司。

② 云从科技指的是云从科技集团股份有限公司。

面的优势，对海量的视频内容进行分析、提炼和再创作，低成本、高效率地满足客户的个性化需求。

云从科技不断在光学字符识别、自然语言处理、语音识别和机器视觉等多个领域应用预训练大模型，这不仅提升了企业核心算法的性能，还提升了企业的算法生产效率。预训练大模型已经在金融、智能制造和城市治理等多个领域中得到广泛应用，体现出了巨大的价值。

此外，云从科技还不断深入布局人机协同领域，搭建具备思考和工作能力的人机协同操作系统（如图 11-3 所示），推动了语音、视觉和自然语言处理等多个领域的大模型整合。

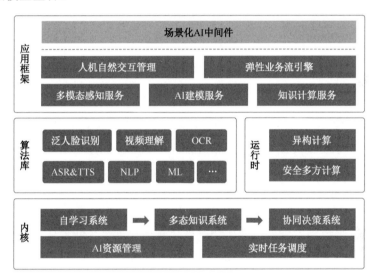

图 11-3　人机协同操作系统

6. 格灵深瞳[①]

格灵深瞳依托计算机视觉技术，在图像收集和处理领域具备独特的优势。格灵深瞳视觉计算平台具备精细化的大数据识别和分析能力，能够实现多场景的智

---

① 格灵深瞳指的是北京格灵深瞳信息技术股份有限公司。

能识别、多种属性的数据提取和分析。格灵深瞳数据智能平台融合智能数据输入、智能数据分析和智能数据治理等功能，能够实现视频结构化、人脸识别、人脸布控和视频图像解析，推动数据向更加智能化的方向发展。

格灵深瞳的深瞳大脑是企业核心技术的驱动平台，其包含训练平台和数据平台，具体可以细分为数据标注、模型训练和数据管理等模块，赋能企业 AI 产品和解决方案升级。

7. 汉王科技①

汉王科技在 AIGC 领域已经有所布局。例如，其开发了智能专家问答系统，为图书馆中读者的咨询提供系统的解决方案。智能专家问答系统具备良好的开放性，能够为读者提供良好的咨询服务体验。汉王科技实现了读者提问和问题库的智能匹配，具备后台管理等多重权限和绩效统计功能，能够处理角色化的工作流，推动图书馆业务与服务改进。

汉王科技还推出了汉王智能建档方案。该方案基于汉王在 AI 领域长期积累的经验，深度融合人脸识别、自然语言处理、光学字符识别和区块链等技术，实现数据化、智慧化、数字化和知识化的档案建设，使档案的价值能够被深度挖掘出来。

随着众多企业在 AIGC 下游应用方面不断深入探索，AIGC 下游应用市场将持续拓展，进而发挥更多 AIGC 的应用价值，为 AIGC 的发展赋能。

---

① 汉王科技指的是汉王科技股份有限公司。

第 12 章

未来图景：未来已来，迎接 AI 下一个时代

现阶段，AIGC 已经成为内容生产的重要基础设施。随着内容生产迈入高创意、高需求阶段，AIGC 技术将不断更新和迭代，使内容生产更加智能、高效；AIGC 产品也将不断丰富和完善，融入更加广阔的内容生产市场，创造出更多的价值和效益。

12.1 技术趋势：AI 技术迭代深化 AIGC 发展

AIGC 迎合了现阶段内容生产的需要，随着内容生产需求的不断升级，AI 技术将进一步提升以开拓更加广阔的内容生产市场，持续深化 AIGC 在内容生产市场的应用价值。

12.1.1 深度学习技术迭代，AIGC 内容产出更加智能

AI 深度学习技术的不断演进是 AIGC 进步和发展的重要驱动力。在内容生产领域，AIGC 技术的发展可以划分为基于规则或模板的前深度学习阶段、基于深度神经网络的深度学习阶段、基于大模型和多模态的超级深度学习阶段。

1. 前深度学习阶段

早期 AIGC 的应用主要依托于 AI 事先制定的规则或模板生产和输出简单的内容。这种模式下生成的内容缺乏对内容客观性的深度感知，同时也缺乏对文字或语言的准确认知。因此，前深度学习阶段 AIGC 生成的内容往往存在刻板、空洞、文本混乱等问题。

2. 深度学习阶段

深度学习阶段在网络结构和学习范式上的不断迭代极大地提升了 AI 算法的学习能力。例如，AlexNet（卷积神经网络）强大的学习能力，曾在 ImageNet（视觉识别挑战赛）中获得最佳成绩，拉开了深度学习时代的帷幕。博弈学习范式的提出也是深度学习发展的象征，博弈学习范式从内容识别的准确性出发，在内容

生成的准确性和真实性上都有了极大的提升。此外，还有强化学习、扩散模型和流模型等学习范式的提出也促使深度学习进一步发展。

3. 超级深度学习阶段

超级深度学习是 AI 技术在大模型和多模态上的突破。超级深度学习将为内容生产领域提供更坚固的支撑和更多的可能性。在超级深度学习阶段，AIGC 的发展主要依赖于两种大模型，分别是视觉大模型和语言大模型。

（1）视觉大模型增强 AIGC 内容感知力。

以视频、图像为代表的视觉数据是数字信息的重要载体，而感知、理解海量数据信息的能力是 AI 生成数字内容、实现数字孪生的基础，也是 AIGC 迭代发展的必备能力。以视觉 Transformer 为代表的新型神经网络以其模型的易拓展性、计算的高并行性和优异的性能正在成为视觉内容生成领域的基础网络框架。同时，基于视觉 Transformer 完成多种任务感知的联合学习将成为 AIGC 领域的研究热点。

（2）语言大模型提升 AIGC 认知能力。

文字和语言是科学技术、知识文化、社会历史变迁的重要记录载体，利用 AI 技术对海量文本和语言数据进行内容理解和信息挖掘是 AIGC 技术的关键环节。然而，在信息丰富且复杂的时代背景下，数据任务种类繁多、数据质量参差不齐，使传统自然语言处理技术出现数据难以复用、模型设计部署困难的弊端。而基于语言的大模型技术能够充分利用无标注文本进行预训练，以赋予文本大模型在零散数据集、小数据集场景下更加稳定的内容理解和生成能力。

智能语音技术研发公司科大讯飞拉开了语言大模型的帷幕。在智慧教育领域，科大讯飞实现了因材施教和智能批改等教育技术突破。科大讯飞能够对雅思英语作文和高考语文作文给出精准的评分，并生成科学的薄弱点分析和指导建议，实现了教育多场景的智能化内容生成和解析。在智能医疗领域，科大讯飞研发的智医助理系统已通过职业医师资格考试，能够作为医生助手诊断上千种疾病，并生成科学的辅诊建议。

在人机交互领域，科大讯飞智能语音开放平台 AI 服务每天的调用次数超过 50 亿次。其在机器翻译、语音识别、图文识别、语音合成等领域开发了 60 多个语种，有力地支撑了进出口业务的交流需要。其中，机器翻译技术获得国际机器翻译挑战赛的冠军。

AI 在大模型和多模态方面的发展将给 AIGC 的融合性创新带来更多可能性，为 AIGC 拓展更广泛的应用范围。基于大模型和多模态的 AIGC 是 AI 算法实现通用的关键动力。

12.1.2　多模态技术发展，AIGC 模型通用化能力更强

多模态技术的发展推动了 AIGC 应用的多样化，赋予了 AIGC 更强的通用化能力。在多模态技术的发展中，预训练模型已逐渐从单一的 CV 模型或 NLP 模型，发展到图形图像、音视频、语言文字等多模态、跨模态模型。

基于多模态技术的发展，大型预训练模型的发展重点开始向图像、语音、视频、跨文本的通用模型发展。通过深度学习框架、数据调用策略、计算策略等方式提升模型效果已经成为多模态技术研究的关键，相关领域的代表性研究包括跨模态预训练模型的 Open AI DALL·E、微软及北大 NVWA 女娲、NVIDIA POE GAN、DeepMind 的 Gato 及 CLI、NVIDIA GauGAN 2 等。

以安防行业为例，现如今，"AI+安防"已经进入精细化发展阶段。AI 开始向安防的细分长尾领域渗透，"AI+安防"不再采取粗放上量的发展模式，而是向精细化升级转变。同时，AI 与安防加快融合，但安防行业仍存在 AI 深度应用不足、AI 算法场景限制过高等问题。

安防监控系统产生的数据量十分庞大，包括结构化数据、半结构化数据及非结构化数据等。而 AI 大数据分析技术在安防行业的应用主要存在以下两个

问题。

（1）非卡口场景的视频分析算法成本高、稳定性差、准确率低，存储的视频不能得到有效利用。

（2）视频结构化分析产品和智能 AI 摄像头逐渐进入安防市场，大量结构化视频数据由此产生。但以结构化视频数据为中心的深度 AI 智能应用，包括预测预警、技战法训练、模式挖掘、时空分析等尚处于探索阶段。在这个过程中，很容易产生无效投资和数据资源浪费等问题。

而跨模态预训练模型的成熟推动了 AIGC 内容的高质量产出，跨模态预训练模型具备优异的 AI 落地能力，能够使 AI 在安防行业快速落地，并得到有效应用。同时，安防行业的视频识别 AI 算法也将进一步提升安防行业视频识别结果的准确性，进一步拓展 AI 在安防领域应用的广泛性。

基于多模态技术的预训练模型不仅推动了安防行业的发展，还加快了 AIGC 在更多领域的深入发展，使 AIGC 模型的应用范围更加广泛、应用能力更加高超。

12.1.3　MaaS 有望成为现实

MaaS（Model as a Service，模型即服务）的产业结构核心路径是从模型到单点工具，再到应用场景，大模型是 MaaS 的主要基座。以魔搭社区 ModelScope 为例，魔搭社区是专注于打造开源 MaaS 应用的科技平台，其践行 MaaS 的新理念，开发了众多实用的预训练基础模型。

魔搭社区的合作机构包括深势科技、澜舟科技、中国科学技术大学、哈工大讯飞联合实验室、智谱 AI 等，首批开源模型以多模态、语音、视觉、自然语言处理等为主要开发方向，包括数十个大模型和上百个业界领先模型。魔搭社区向以 AI for Science 为代表的众多新领域不断探索，并覆盖了众多主流任务。魔搭社区的模型均经过严格筛选和验证，且向外界全面开放。

魔搭社区鼓励中文 AI 模型的开发和使用，希望实现中文 AI 模型的充足供应，更好地满足本土需求。魔搭社区已经上架了超过 100 个中文模型，在模型总数中占比超过 1/3，其中包括一批探索 AI 前沿的中文大模型，如阿里通义大模型系列、澜舟科技的孟子系列模型、智谱 AI 的中英双语千亿大模型等。

魔搭社区搭建了简单易用的模型使用平台，让 AI 模型能够流畅运行。传统的模型运用从代码下载到效果验证往往需要几天的时间，而魔搭社区只需要几小时或者几分钟的时间便可生成一个完整的模型。魔搭社区通过统一的配置文件和全新开发的调用接口，为平台提供环境安装、模型探索、训练调优、推理验证等一站式服务，使用户在线 0 代码就能够轻松体验模型效果。

同时，魔搭社区能够通过 1 行代码完成模型推理，通过 10 行代码完成模型定制和调优。魔搭社区还具有在线开发功能，为用户提供算力支持，使用户在不进行任何部署的情况下，打开网页就能够直接开发 AI 模型。

魔搭社区开发的模型兼容主流 AI 框架，能够支持多种服务部署与模型训练，供用户自主选择。魔搭社区面向所有模型开发者开放，不以盈利为主要目标，旨在推动 AI 大规模的应用。

开源模型是推动 AI 技术发展的强大动力，魔搭社区作为新一代的 AI 开源模型社区，将广泛推动 AI 模型的落地应用，并助力我国逐步成为开源模型的引领者。随着预训练模型的兴起，以魔搭社区为代表的模型社区将成为 AIGC 时代重要的基础设施。魔搭社区将 AI 模型提供给广大模型开发者，让 AI 惠及全社会。

12.2　参与主体扩散：由 B 端向 C 端扩散

由于 AIGC 能够为 B 端企业带来明显的降本增效，因此，B 端企业是 AIGC

的主要消费群体。但目前，AIGC 能够使 C 端用户以较低的门槛使用 AIGC，吸引了 C 端用户的兴趣，因此 AIGC 的参与主体逐渐由 B 端扩散到 C 端。

12.2.1 To B 端的 AIGC 产品丰富，赋能企业发展

随着 AI 算力的不断提升，AIGC 的发展逐渐到达了质点，这也使面向 To B 端的 AIGC 产品越来越丰富，赋能 To B 企业的发展。

2023 年 3 月，AI 视觉平台皮卡智能推出了一款全新的 AIGC 应用软件——神采 PromeAI。不同于其在 2022 年上线的"AI 艺术创作"，神采 PromeAI 拥有更加广泛可控的 C-AIGC 模型库和人工智能驱动设计助手，使创作者能够更加轻松、便捷地制作出精美的图形、动画和视频。在绘制人物姿态和图形边缘时，神采 PromeAI 能够通过线稿控制解决生成的图片中手指缺失等饱受诟病的问题，从而避免手工制图的误差。

神采 PromeAI 能够直接将照片或者涂鸦转化为插画，并自动识别图像中的人物姿势特征，最终生成一幅基础架构完整的插画。神采 PromeAI 还能够为线稿提供多种配色方案，最终生成完整的上色稿。神采 PromeAI 能够自动识别图像中的景深信息，并生成具有相同景深结构的图像。同时，神采 PromeAI 能够识别建筑和室内结构线性特征并生成全新的设计方案，最后通过读取设计方案中的法线信息来辅助图像建模。此外，神采 PromeAI 能够借助 AI 语义分割技术识别结构相同、风格不同的图片。

神采 PromeAI 能够在建筑行业实现落地应用。设计师能够通过在神采 PromeAI 上传一张 CAD 草图或者照片获取设计方案效果图。设计师生成一套完整的住宅设计方案可能需要 3～5 天，而神采 PromeAI 只需要 1 天左右的时间便可制定出初步设计方案。更重要的是，神采 PromeAI 可以生成一些设计师难以推敲出的设计方案，从而使设计方案更加精美、完善。神采 PromeAI 不仅能够提升设

计师的工作效率，还能够满足设计师的多种场景设计需求。

神采 PromeAI 能够生成室外和室内两个类型的设计效果图，并实现从宏观设计到微观设计的逐一突破，满足设计师在构件生成、单体设计、建筑规划等不同层面的设计需求。神采 PromeAI 能够帮助设计师完成从方案分析到设计，再到审查的协同输出，并逐步满足住宅类业务层面深度和广度的需求。

神采 PromeAI 支持边缘、姿态、分割、草图等多种方案输入，能够完美地完成照片生成插画、插画线稿上色和插画翻新优化等设计工作，并优化处理深度贴图、法线贴图、角色动作等细节。

此外，神采 PromeAI 能够围绕电商场景，为网站设计师提供网站搭建中需要用到的各类素材，帮助设计师突破素材搜集的局限性，为设计师提供精美、丰富的素材库。神采 PromeAI 还能够根据产品的精细分类针对性地生成电商产品图，这些电商产品图能够直接应用到商业化流程中，并打破电商的效率边界，通过低投入、高产出的方式帮助网站设计师降本增效。

在海报设计中，神采 PromeAI 能够为设计师提供大量特定的设计风格，设计师只需要绘制设计草图来确定产品的基本形态，以确保 AI 生成的图像不偏离预期设计方向。如果设计师对设计方案不满意，神采 PromeAI 能够对设计方案进行轻微调整，包括添加文案、修改细节等，以达到理想的设计效果。

总之，神采 PromeAI 对建筑设计、电商网站设计等领域产生了深远的影响。神采 PromeAI 既能够提升设计效率，又能够提升设计质量，还能够为设计师提供更多新颖的创意和灵感。

12.2.2　To C 端的 AIGC 工具多样，引发用户多种消费

为了抢占更大市场份额，很多 AI 企业都尝试从面向 To B 端向面向 To C 端转变。2021 年年底，腾讯推出数字人平台——云小微数智人平台，定位是数字服务

助手。该平台关注 C 端，专注于通过数字人与智能交通、智能家居、智能车载等智能设备连接、贯通，为用户提供更加智能、便捷的服务。

科大讯飞在 2022 年 7 月表示，企业正在努力拓展 C 端市场，并在全国不同省市开设线下零售店，为 C 端用户提供更加优质的产品体验和升级服务，以进一步拉近前沿科技与消费者之间的距离。2022 年 8 月，商汤科技推出家庭 AI 游戏——SenseRobot（元萝卜），该款游戏也成为商汤科技进入 C 端市场的标志。

未来，AIGC 的发展不能仅面向 B 端企业，C 端用户也是 AIGC 发展的重要方向。

随着 AI 技术日趋成熟，C 端的 AIGC 产业链不断完善。AI 业务模式也将朝着更加多元化的方向拓展，AIGC 不断助力各大业务和产业升级。在 AIGC 领域，虽然数字人的商业化应用仍然处于探索阶段，但其应用场景正在向虚实结合的方向不断拓展。

AI 不断拓展内容创作的商业价值，在 AI 技术的推动下，将会有更多 AIGC 商业化应用在 C 端市场落地，给各大产业的发展带来巨大能量。

12.3 行业应用赛道拓宽：行业渗透不断提升

生成式 AI 取得算法突破，AIGC 进入了应用爆发期，应用赛道不断拓宽，逐步向金属、机械、银行等行业扩展，打开了全新的成长空间。

12.3.1 金属行业：优化行业管理全流程

AIGC 能够应用于金属行业，优化金属行业管理的全流程。下面以 ChatGPT

在金属行业的应用为例，具体讲述其对金属行业的赋能。

ChatGPT 对金属行业的助力主要表现在 4 个方面，如图 12-1 所示。

1. 能够解决矿产采选中的痛点

矿山建设过程中存在许多痛点，从探矿到后面的建设规划与开发，每一项工作都需要工作人员拥有丰富的经验、精准的计算水平和合理的项目规划。ChatGPT 的出现，解决了矿产采选的痛点，提升了工作效率。

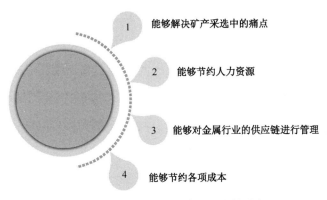

图 12-1　ChatGPT 对金属行业的助力

ChatGPT 的运作流程主要分为三步：第一步是前端互动：输入用户的要求；第二步是 AI 对比数据库中的数据，根据用户的要求进行分析；第三步是输出问题的答案，用户可以根据 AI 给出的结果结合实际情况进行调整。

在采矿过程中，ChatGPT 的搜索分析引擎能够将当前项目与历史项目进行对比，可以利用数据分析快速进行资源计算，弥补管理供应链的短板。ChatGPT 具有的 AI 协作功能可以自动进行项目规划、撰写可研究性报告与其他复杂文件，减轻工作人员的压力。

2. 能够节约人力资源

金属行业劳动分工的形式主要分为体力劳动与脑力劳动。体力劳动的特点是低门槛、高体力，往往从事操作机械、开采矿石等物理搬运工作，能够被人形机器人或大型机械取代。简单的脑力劳动主要是对数据进行收集、处理与分析，对各类信息、专业知识进行汇总，实现信息聚合。这种简单的脑力劳动可以由以 ChatGPT 为代表的 AI 工具完成，节省了许多人力资源，这些人才可以进行更加复杂的决策等脑力劳动。

3. 能够对金属行业的供应链进行管理

金属行业供应链有 5 个环节，分别是计划、物流管理、生产管理、产品回收和资产管理。在计划环节，ChatGPT 可以运用历史数据及相关模型制订计划；在物流管理环节，ChatGPT 能够运用 AI 提升运力、减少物流成本；在生产管理环节，ChatGPT 可以对产量进行智能汇总，及时反馈生产效率；在产品回收环节，ChatGPT 可以制订回收计划，降低成本；在资产管理环节，ChatGPT 可以对资产进行快速总结，并分析结果。

4. 能够节约各项成本

ChatGPT 能够降低金属行业的各项成本，金属行业成本构成主要有原材料、折旧、能耗、人工工资等。

在原材料方面，ChatGPT 能够在供应链管理、价格预测等方面优化原材料采购，减少浪费，降低成本。在折旧方面，ChatGPT 通过建立折旧财务模型对设备情况进行管理，能够更好地反映设备的实际使用情况。在能耗方面，ChatGPT 能够对生产情况实行动态监控，并生成动态报告，如果有部门存在浪费的现象，ChatGPT 能够对其进行优化，降低能耗。在人工工资方面，ChatGPT 能够进行基础文件准备，节省了人力，降低了人工工资。

未来，AIGC 将持续赋能金属行业，以更高级的应用助力金属行业发展，帮助金属行业提质增效、节约成本。

12.3.2　机械行业：机械设备智能升级

AI 的发展进入提速期，能够给机械行业带来变革，实现机械设备智能升级。例如，ChatGPT 在机械行业中的应用，能够推动机械行业数智化升级。

1. 大模型变革生产力工具

大模型运用大量无标准数据进行训练，并总结出一种规律，具有大算力与强算法。大模型的适用场景较多，只需要在应用开发时对大模型进行微调，其便可以在多个应用场景使用。大模型可以应用于机械行业的人形机器人中，提升人形机器人的智能程度。

大模型的优点众多：一是大模型的普适性更强，应用场景更加广泛；二是大模型具有的自监督学习功能，能够有效降低训练成本；三是大模型进行了大量数据训练，模型的精确度得以提升。

2. ChatGPT API 已经发布，商业化落地潜力巨大

2023 年 3 月 1 日，OpenAI 推出了 ChatGPT API 接口（基于 GPT-3.5-turbo 的模型）和 Whisper API，可实现语音转文字。

借助这两个接口，机械行业中的服务机器人、人形机器人将会得到快速发展。人机交互系统是人形机器人的重要组成部分，而语音语义分析能够帮助机器人倾听用户想法并与用户交流，是人机交互的重要途径。ChatGPT API 能够推动人机交互技术成熟，颠覆机械行业。

AI 为机械行业智能化升级提供有力支持，推动机械设备智能化程度不断提升，能够显著提高机械加工效率。

12.3.3 银行业：优化银行业务流程

ChatGPT 的出现是人类生产力工具的重大升级，虽然可能会有许多劳动力被取代，但对更多人、更多行业来说，ChatGPT 是一次新的机会。以银行业为例，ChatGPT 能够对银行的业务流程进行优化，主要体现在 3 个方面，如图 12-2 所示。

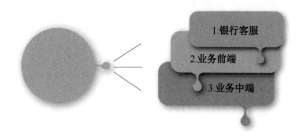

图 12-2　ChatGPT 优化银行业务流程的 3 个方面

1. 银行客服

银行客服与 ChatGPT 的关联性最强，因为银行客服需要与用户沟通交流，沟通内容具有可预期性、重复性，规律性较强。

目前，AIGC 已经在多个银行中得到应用。例如，工商银行实行"机器换人"，在客户服务、业务运营等岗位安排了数字员工，拥有超过 600 名数字员工；2022 年上半年，平安银行在 AI 平台增加了 1080 个模型，致力于利用客服机器人解决问题，客服机器人每日对话量高达 60 万次，问题解决率高达 90%。招商银行在 2022 年上半年启用了 AI 从事智能客服、语音质检、智能审录等工作。

AI 客服的运用为银行客服未来的发展指明了方向。未来，银行客服将朝着更加智能的方向发展，帮助客户解决更多问题。

2. 业务前端

在业务前端，ChatGPT 的数据分析能力可以被应用于标准化程度较高的业务，对客户端标签进行细分，提高产品推荐的匹配度。

例如，2022 年上半年，平安银行的 AI 客户经理已经在超过 1400 个场景中得到应用，月均服务客户与 2021 年相比大幅提升；2021 年，招商银行推出智能财富助理——AI 小招，为用户提供综合服务，包括收益查询、涨跌分析、产品推荐、市场热点解读等。

未来，ChatGPT 能够基于大数据分析将用户群体进一步细分，深入挖掘用户需求，做到更加精准的产品需求匹配。

3. 业务中端

目前，从事对公销售、授信审批等工作的银行从业人员将大量时间耗费在这类格式性很强的工作上，而占用了客户营销、市场调研等更重要工作的时间。而 ChatGPT 与这种强调格式的报告具有很高的适配性，能够完成撰写授信报告、审批报告等格式性强的文字工作，提升业务运转的效率。

ChatGPT 与银行业呈现出一种深度融合的发展态势，为金融数字化发展打开了一扇新窗口。未来，ChatGPT 能够为用户提供更加智能的数字化金融服务。

12.4　落地场景蔓延：渗透生活的方方面面

2023 年是 AIGC 全面开启的元年，更多的 AIGC 应用将会诞生。在 AIGC 发展的助力下，AI 的落地场景将持续拓展，逐渐渗透人们生活的方方面面。市场上服务型的数字员工增加，AIGC 在视频、文本、图片等领域实现自动生成，用户的生活将会被 AI 改变。

12.4.1　数字员工多领域落地，解放人工

随着数字经济快速发展，许多科技企业运用 AI 技术研发一些创新型应用，数字员工就是其中的一种。数字员工能够取代人类处理机械、重复的工作，将人类从大量繁重、枯燥的劳动中解放出来，开展更有价值的工作。目前，AI 数字员工已经在多个领域落地，金融是其中的一个领域。

银行是金融领域的重要组成部分，也是与 AI 融合较快的关键机构。AIGC 能够持续为数字员工赋能，加快提升数字员工的数智化水平，在内外部沟通时发挥重要作用。数字员工可以打通线上、线下服务场景，在银行线下网点，数字员工致力于提升大堂的服务质量与效率；在线上，数字员工致力于提升银行的形象，实现客户转化。

在内部，数字员工可以担任智慧助手，解答员工的问题，提醒员工注意事项，帮助员工处理日常业务，有针对性地为员工制订培训计划，为员工的职业发展提供建议，对员工的工作数据进行整合、分析，对员工进行能力评估，帮助 HR 优化人员配置等。

在外部，数字员工可以提供一系列金融服务。例如，与网点客户交流，为其提供服务；成为网点客户的"专属顾问"，结合网点客户的特征为其定制专属理财方案；给客户带来优质的体验，在客户对当前产品不满意时向其推荐其他产品。

随着 AIGC 的发展，数字员工在金融领域的应用范围将得到拓展，能够在风险管控、经营态势分析等方面为金融机构提供帮助。

我国数字员工主要应用于服务业，能够代替真人进行交流、互动。例如，文档审核数字员工能够代替真人员工、数字客服能够代替真人客服。

虽然数字员工的发展十分火热，但其仍处于发展初期。从产业链来说，百度、

腾讯、阿里巴巴等互联网企业纷纷牵头布局；从应用场景上来说，市场正处于发展阶段，虚拟主播等也是应用热点。

例如，虚拟主播"古堡龙姬"与上海反诈中心展开合作，担任反诈宣传员。在此次合作中，"古堡龙姬"的运营公司完美世界运用自身打造虚拟主播的经验，利用虚拟主播自身的巨大影响力，与反诈公益项目合作，积极进行反电信网络诈骗宣传。

2022 年 6 月，"古堡龙姬"在其社交账号发布了合作视频，还原了游戏账号买卖的诈骗场景，警示用户谨防电信诈骗，具有正面教育意义。

许多官方媒体与第三方媒体纷纷转发这条视频，截至 2022 年 6 月 23 日，该条视频的浏览量已经超过千万次，显示出强大的影响力。未来，服务型数字人与身份型数字人将会稳步发展，创造出更大的潜力。

随着数字员工成为重要的劳动力资源，真人员工需要适应数字员工的加入，并与数字员工配合，更高效地完成工作。对此，企业可以采取以下措施。

（1）合理利用数字员工，提高工作质量与效率。真人员工与数字员工各自都有擅长之处，二者可以分工协作，共同提升工作效率，提升工作业绩。例如，浦发银行的数字员工"小浦"，承担了 10 个以上的角色，包括但不限于智能客服、智能外呼、AI 培训讲师、AI 营销专员、AI 大堂经理等，具有客户服务、运营管理、内部管理等功能。数字员工拓展了银行服务的覆盖范围，节约了客户挑选理财产品的时间，提升了银行服务客户的效率与质量。

（2）加快人机协同与企业数字化转型。过去，计算机与人类的交互都是由人类发出指令，但随着 AI 技术的进一步发展，计算机变得更加成熟，可以在人类不发出指令的情况下自主完成工作，成为人类的重要帮手。人类与计算机交互，能够提升人类的潜能，创造出更大的价值。例如，科大讯飞推出的数字员工可以与真人员工合作，共同完成招聘、财务、行政等工作。在文档翻译中，人工翻译 1 万字需要 4 小时，而人机协同仅需要 24 分钟，可以大大提升翻译效率。

（3）建立人机团队，形成智能力量。人机搭配"混合型"团队将成为企业人力资源发展的主流。相关调研结果显示，人机协同有利于企业的高效运营，而仅凭人或计算机都无法推动企业未来数十年的发展。

目前，数字员工已经在多领域落地。未来，数字员工将会进一步发展，与人类一起迈向智慧水平的新高度和文明发展的新阶段。

12.4.2　AIGC 营销多领域落地，自动生成视频

ChatGPT 的智能化引起了人们对于 AIGC 的好奇，许多人在试用 ChatGPT 后都给出了较高的评价。事实上，ChatGPT 及其所在的 AIGC 行业具有巨大的潜力。未来，生成内容行业将会因 AIGC 技术的发展而实现"大洗牌"，给营销行业带来颠覆性的变化。

ChatGPT 的发展使众多企业看到了 AIGC 在文本内容生成方面的潜力，但除了能够生成文本，ChatGPT 也可以自动生成图片、音频、视频。

以生成视频为例，ChatGPT 可以胜任撰写视频脚本的任务。曾经有用户询问 ChatGPT 的 AI 客服是否能写一段"时长在 30 秒内的可以快速传播的视频脚本，ChatGPT 很快给出了答案——以"梦想"为主题，并给出了音乐、标签和时长等关键点。可见，ChatGPT 有望取代视频文案编辑。

除此之外，ChatGPT 也有望取代视频行业的多个工种。产出一条视频，需要插画师、配音师、剪辑师等工种共同发挥作用。ChatGPT 可以胜任文案撰写工作，DALL-E（AI 生成图片工具）可以生成图片，剪映可以合成视频，将这些技术整合在一起便可以实现视频制作。例如，QuickVid 就是一个综合了多项 AI 技术的视频生成应用。QuickVid 具有文本生成、文本转语音、图片素材库等功能，还给了用户一定的自由度，可以进行文案、图片的调整，最终形成的成品品质尚可。

当用户还在为 AIGC 技术感到新奇时，TikTok 已经开始招募 AI 工程师，试图将 AIGC 在视频行业落地。TikTok 是一个短视频平台，平台中的内容具有复制性。当一个视频成为热门视频时，该视频中的音乐、人物妆容、舞蹈等，会快速被其他人模仿，然后形成一个热门话题继续传播。

TikTok 的招聘启事显露出其计划利用 AI 生成内容快速、质量稳定的优势帮助广告主生成创意视频，推动 TikTok 广告业务的发展。因为 TikTok 具有较高的日活跃用户数量，所以其成为炙手可热的营销平台之一。TikTok 如果能将 AIGC 融入广告业务中，那么广告主可以利用 AI 生成的创意视频进行大规模营销推广，在实现自身更好发展的同时推动 TikTok 进一步繁荣。

除 TikTok 外，在 AIGC 营销领域布局的企业还有很多，具体如表 12-1 所示。

表 12-1　在 AIGC 营销领域布局的企业

公司名称	具体内容
北京蓝色光标数据科技股份有限公司	在 AIGC 营销方面，公司基于图片生成模型技术，大大缩短了虚拟数字人的建模时间；使用 AIGC 技术进行营销已有多次实践，如借助 AIGC 技术生成不同内容的数字藏品、以 AI 智能驱动为员工献上新年祝福等；将智能对话技术成果应用于 AIGC 营销场景，推动数字人实时对话能力升级
三人行传媒集团股份有限公司	在 AIGC 营销方面，基于 AIGC 技术应用经验的积累，公司推出了多种 AIGC 工具，不仅可以智能回复客户需求，还能输出文案、视频等创意作品
上海风语筑文化科技股份有限公司	目前，公司已经凭借 AIGC 技术在文本生成图像、文本生成音视频等领域实现了营销应用。同时，公司还将加强在 3D 建模、虚拟空间生成等方向的训练，并进行模型优化。此外，公司打造的虚拟数字人将接入 ChatGPT 以强化场景识别和交互能力
天娱数字科技（大连）集团股份有限公司	公司虚拟数字人已经接入 ChatGPT，并已在跨境电商直播、虚拟主播直播等场景实现应用

AIGC 在营销领域落地的同时，也会给创作者增添压力，随着 AI 生成内容的能力不断提升，创作者的创作门槛会不断提高。如何与 AI 共存，是创作者未来需要思考的重要问题。

反侵权盗版声明

电子工业出版社依法对本作品享有专有出版权。任何未经权利人书面许可，复制、销售或通过信息网络传播本作品的行为；歪曲、篡改、剽窃本作品的行为，均违反《中华人民共和国著作权法》，其行为人应承担相应的民事责任和行政责任，构成犯罪的，将被依法追究刑事责任。

为了维护市场秩序，保护权利人的合法权益，我社将依法查处和打击侵权盗版的单位和个人。欢迎社会各界人士积极举报侵权盗版行为，本社将奖励举报有功人员，并保证举报人的信息不被泄露。

举报电话：（010）88254396；（010）88258888

传　　真：（010）88254397

E-mail：　dbqq@phei.com.cn

通信地址：北京市万寿路 173 信箱

　　　　　电子工业出版社总编办公室

邮　　编：100036